企业高技能人才职业培训系列教材

GUTIFEIWUCHULIGONG
固体废物处理工
生活垃圾填埋（五级）

U0390355

编审委员会

主　任	仇朝东
委　员	顾卫东　葛恒汉　葛　玮　孙兴旺　刘汉成　梁　超　赵　进　倪永红 黄明军
执行委员	孙兴旺　瞿伟洁　李　晔　夏　莹　卞正龙　丁小宏　严光亮　崔广明

本书编审人员

主　编	梁　超
副主编	倪永红　周海燕
编　者	（按姓氏笔画排序）
	王　娟　王乐意　毛忠荣　刘国平　苏冬云　谷　强　杨潇剑　张美兰 罗佳杰　金　华　岳　阳　段腾飞　钱春军　徐　勤　唐　佶　黄　皇
主　审	严光亮　黄仁华

中国劳动社会保障出版社

图书在版编目(CIP)数据

固体废物处理工：生活垃圾填埋：五级/人力资源和社会保障部教材办公室等组织编写. —北京：中国劳动社会保障出版社，2015

企业高技能人才职业培训系列教材

ISBN 978 - 7 - 5167 - 2239 - 8

Ⅰ.①固… Ⅱ.①人… Ⅲ.①固体废物处理-职业培训-教材②-固体废物-垃圾焚化-职业培训-教材 Ⅳ.①X705

中国版本图书馆 CIP 数据核字(2015)第 306071 号

中国劳动社会保障出版社出版发行

(北京市惠新东街 1 号　邮政编码：100029)

*

北京北苑印刷有限责任公司印刷装订　　新华书店经销

787 毫米×1092 毫米　16 开本　16.25 印张　297 千字
2016 年 1 月第 1 版　　2016 年 1 月第 1 次印刷
定价：38.00 元

读者服务部电话：(010) 64929211/64921644/84626437
营销部电话：(010) 64961894
出版社网址：http://www.class.com.cn

内容简介

本教材由人力资源和社会保障部教材办公室、中国就业培训技术指导中心上海分中心、上海市职业技能鉴定中心、上海市城市建设投资开发总公司依据固体废物处理工（生活垃圾填埋）（五级）职业技能鉴定细目组织编写。教材从强化培养操作技能，掌握实用技术的角度出发，较好地体现了当前最新的实用知识与操作技术，对于提高从业人员基本素质，掌握固体废物处理工（生活垃圾填埋）（五级）的核心知识与技能有直接的帮助和指导作用。

本教材既注重理论知识的掌握，又突出操作技能的培养，实现了培训教育与职业技能鉴定考核的有效对接，形成一套完整的固体废物处理工（生活垃圾填埋）培训体系。本教材内容共分为 6 章，包括概述、卫生填埋场作业设备配置、生活垃圾卫生填埋作业基本工艺、填埋主要设备操作规程、填埋主要设备基础保养、职业道德与职业健康安全。

本教材可作为固体废物处理工（生活垃圾填埋）（五级）职业技能培训与鉴定考核教材，也可供本职业从业人员培训使用，全国中、高等职业技术院校相关专业师生也可以参考使用。

企业技能人才是我国人才队伍的重要组成部分，是推动经济社会发展的重要力量。加强企业技能人才队伍建设，是增强企业核心竞争力、推动产业转型升级和提升企业创新能力的内在要求，是加快经济发展方式转变、促进产业结构调整的有效手段，是劳动者实现素质就业、稳定就业、体面就业的重要途径，也是深入实施人才强国战略和科教兴国战略、建设人力资源强国的重要内容。

国务院办公厅在《关于加强企业技能人才队伍建设的意见》中指出，当前和今后一个时期，企业技能人才队伍建设的主要任务是：充分发挥企业主体作用，健全企业职工培训制度，完善企业技能人才培养、评价和激励的政策措施，建设技能精湛、素质优良、结构合理的企业技能人才队伍，在企业中初步形成初级、中级、高级技能劳动者队伍梯次发展和比例结构基本合理的格局，使技能人才规模、结构、素质更好地满足产业结构优化升级和企业发展需求。

高技能人才是企业技术工人队伍的核心骨干和优秀代表，在加快产业优化升级、推动技术创新和科技成果转化等方面具有不可替代的重要作用。为促进高技能人才培训、评价、使用、激励等各项工作的开展，上海市人力资源和社会保障局在推进企业高技能人才培训资源优化配置、完善高技能人才考核评价体系等方面做了积极的探索和尝试，积累了丰富而宝贵的经验。企业高技能人才培养的主要目标是三级（高级）、二级（技师）、一级（高级技师）等，考虑到企业高技能人才培养的实际情况，除一部分在岗培养并已达到高技能人才水平外，还有较大一批人员需要从基础技能水平培养起。为此，上海市将企业特有职业的五级（初级）、四级（中级）作为高技能人才培养的基础阶段一并列入企业高技能人才培养评价工作的总体框架内，以此进一步加大企业高技能人才培养工作力度，提高企业高技能人才培养效果，更好地实现高技能人才

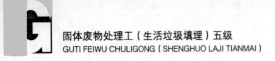

培养的总体目标。

为配合上海市企业高技能人才培养评价工作的开展，人力资源和社会保障部教材办公室、中国就业培训技术指导中心上海分中心、上海市职业技能鉴定中心联合组织有关行业和企业的专家、技术人员，共同编写了企业高技能人才职业培训系列教材。本教材是系列教材中的一种，由上海老港废弃物处置有限公司负责具体编写工作。

企业高技能人才职业培训系列教材聘请上海市相关行业和企业的专家参与教材编审工作，以"能力本位"为指导思想，以先进性、实用性、适用性为编写原则，内容涵盖该职业的职业功能、工作内容的技能要求和专业知识要求，并结合企业生产和技能人才培养的实际需求，充分反映了当前从事职业活动所需要的核心知识与技能。教材可为全国其他省、市、自治区开展企业高技能人才培养工作，以及相关职业培训和鉴定考核提供借鉴或参考。

新教材的编写是一项探索性工作，由于时间紧迫，不足之处在所难免，欢迎各使用单位及个人对教材提出宝贵意见和建议，以便教材修订时补充更正。

企业高技能人才职业培训系列教材

编审委员会

目录

第1章

概　述

1.1 生活垃圾处置发展历程

学习目标

了解生活垃圾产生量的变化趋势及各阶段特点

熟悉生活垃圾主要处理技术

了解生活垃圾处理技术发展趋势

1.1.1 生活垃圾产生量及处理的阶段性特点

1. 垃圾产生量的变化趋势及特点

生活垃圾指的是人们在生活、娱乐、消费过程中产生的废弃物，以及法律、行政法规规定为城市生活垃圾的固体废弃物。由于城市生活垃圾产生量数据比较难以获得，一般常用城市生活垃圾清运量来代替。我国生活垃圾清运量约占产生量的一半，但该比例在不断增加。

自 2003 年以来，我国城市生活垃圾年清运量连年增长，平均每年以 3% 左右的速度递增，再加上未清运的生活垃圾，我国城市生活垃圾堆存量在快速增加，占据了大量的土地资源。

2006 年，我国进行无害化处理（主要通过填埋、堆肥和焚烧等手段）的城市垃圾量为 7 872.6 万吨，少于 2005 年，生活垃圾无害化处理率达到 53.05%，高于 2005 年。2010 年，我国的城市垃圾无害化处理量达到 1.23 亿吨，日处理能力达到 33.75 万吨，无害化处理率达到 77.9%。2011 年无害化处理量为 1.3 亿吨，日处理量为 35.84 万吨，无害化处理率达到 79.6%。至 2013 年统计，我国生活垃圾清运量已达 1.73 亿吨。2003—2011 年我国城市生活垃圾历年清运量、处理量、处理能力、简易处理量以及未处理量统计见表 1—1。

表 1—1 　　　　　2003—2011 年我国城市生活垃圾清运量、处理量、处理能力、简易处理量以及未处理量统计

年份	2003	2004	2005	2006	2010	2011
生活垃圾清运量（万吨）	14 856	15 509	15 576	14 841	15 804	16 428
无害化处理量（万吨）	7 544	8 088	8 051	7 872	12 318	13 081
无害化处理厂数（座）	575	559	471	419	—	—
无害化处理能力（万吨/日）	21.9	23.8	25.6	25.8	33.7	35.8
生活垃圾无害化处理率（%）	50.78	52.12	51.69	53.05	77.9	79.6
建议处理量（万吨）	4 631.83	4 457.69	4 444.34	—	—	—
未处理量（万吨）	2 679.98	2 962.9	3 081.36	—	—	—

注：生活垃圾无害化处理率 = 无害化处理量/清运量×100%；未处理量不包含未清运垃圾。

2. 我国生活垃圾处理各阶段及其特点

我国垃圾处理技术研究起步较晚，起点较低。直到 20 世纪 80 年代，我国许多城市仍是进行简易堆填处置垃圾，给周围的环境带来了极大的危害，造成了城市周围垃圾成山、蚊蝇滋生、环境污染的状况。我国垃圾处理主要经历了七五至十一五等五个阶段，在这期间通过国家科技攻关、国家高技术发展研究计划（863 计划）等科研项目的实施，我国城市生活垃圾处理技术得到了广泛的研究，堆肥、卫生填埋、焚烧处理和资源化利用等技术取得了极大的进展。

七五期间：生活垃圾处理技术主要是集中在堆肥方面，填埋技术和焚烧技术主要是借鉴国外经验，并在此基础上自主研发了一些适合我国垃圾情况的处理工艺和设备。

八五期间：1991 年，国家建设部、国家科委在《关于加强城市垃圾处理科学技术工作的几点意见》中提出，"我国垃圾处理的技术政策为：近期内应着重发展卫生填埋和高温堆肥处理技术，有条件的地方可发展焚烧与综合利用技术；医院垃圾和其他危害性大的垃圾，应专门收集并采取集中焚烧处理技术；重视开发垃圾综合利用技术，逐步实现垃圾处理无害化、减容化、资源化的总目标"，明确提出了"三化"的原则。在此期间，我国现代垃圾处理技术得到了稳步的发展，国家相关部门和学术界主要致力于通过科技攻关建设示范工程，然后进行全国范围的推广。

九五期间：在此期间，城市生活垃圾的可持续发展战略的提出，以及"中国城市生活垃圾管理体系、技术标准和能力建设"项目的实施，使得国家的垃圾处理技术政策、管理体系以及技术标准得到了极大的完善。不仅如此，由于国家投资倾向于垃圾处理基础设施，环卫产业也得到了极大的发展，研制了大批城市生活垃圾收集运输以及处理的关键技术设备。

十五期间：在此期间，国家加大了对生活垃圾处理的投资，环卫行业科技取得显著的发展。在引进国外技术的基础上，经过十几年的实践和探索，我国逐渐形成了适宜本国垃圾性质的处理技术和运营方式。国家高技术发展计划（863计划）首次支持起动了四个固体废物处理处置方面的研究项目，即"城市生活垃圾生态填埋成套技术与设备""城市生活垃圾焚烧成套技术与设备""城市生活垃圾资源化利用技术及设备""危险废物处理处置技术"，这四个研究项目的开展极大地促进了我国垃圾处理技术和产业的发展。

十一五期间：在此期间，国家进一步加大了对垃圾处理的投资，一批较高标准的卫生填埋场建成并投入运行；在人口密度高的许多地区，垃圾焚烧处理也得到了较快发展；而城市垃圾堆肥处理则经历了停滞甚至萎缩的历程。

1.1.2 生活垃圾主要处理技术的发展历程

1. 填埋技术

填埋技术主要包括防渗技术、垃圾渗滤液处理技术、填埋气体控制和利用技术等三方面。

（1）防渗技术。主要经历了以下三个阶段：20世纪80年代开始的自然防渗阶段，1991年开始的在我国第一个垃圾卫生填埋场——杭州天子岭固体废弃物总场一期工程建成使用的垂直防渗阶段，以及1997年开始的在深圳市下坪固体废弃物填埋场一期工程建成使用的HDPE膜防渗阶段等。

（2）垃圾渗滤液处理技术。从前几年开始的组合采用普通污水处理工艺，或将市政污水处理工艺按照浓度比例放大设计的工艺，如各种厌氧+氧化沟（AO、A_2O）+混凝沉淀工艺，发展到在总结早期的渗滤液处理经验和针对渗滤液特点开发的更适宜的处理工艺，主要包括生物+物化、高压膜分离、生化+物化+膜分离、回灌处理、排入城市污水管道等处理技术。

（3）填埋气体控制和利用技术。从1998年杭州天子岭生活垃圾填埋场利用外资引进技术，建起我国第一个填埋气体发电厂开始，得到了国家足够的重视，许多填埋场在积极探讨填埋气体收集和利用的项目，并努力推动相关的 CDM 项目。图 1—1 为上海老港废弃物处置有限公司填埋场。

图 1—1　填埋场现场施工图

2. 垃圾焚烧

垃圾焚烧主要可从焚烧装备、余热锅炉（主要是蒸汽参数）、烟气净化、飞灰处理与处置、建厂规模（日处理能力）等五方面来分析焚烧技术的发展历程。我国垃圾焚烧处理技术发展较晚，总体上是在借鉴吸收国外的先进技术、工艺及装备的基础上，结合我国垃圾特点进行技术和设备的改造，从而研制出热值较低、含水量较高的垃圾焚烧处理技术。余热锅炉的性能逐步提高：蒸汽温度从 203～370℃ 提高到 400～450℃，蒸汽压力从 1.6～2.45 MPa 提高到 3.82～4.0 MPa，为提高热能转换效率和经济收入创造了条件。烟气净化系统的配置，从干法加静电除尘器过渡到了半干法加布袋除尘器，在烟气排放限值达到《生活垃圾焚烧污染控制标准》（GB 18485—2014）要求的基础上，烟尘和二噁英的排放限值也可达到国际先进水平。飞灰的安全处置已引起重视，采用水泥固化和安全填埋（药剂螯合达标后）的措施已有所应用。此外，注意规模效益，建厂的日处理能力逐步提高，从 400～700 t/d 级提高到 1 000～3 000 t/d 级。图 1—2 为上海老港焚烧厂（处理能力为 3 000 t/d）。

3. 堆肥技术

堆肥技术可从堆肥系统的开发、堆肥的条件控制适宜参数的研究、腐熟度评价标准的确立以及堆肥添加剂的研究开发这四方面来进行。堆肥系统主要有条垛系统、强制通风静态垛系统、反应器系统。堆肥条件控制主要是针对原料、影响因素（水分、氧含量、C/N、温度）等工艺参数的研究。腐熟度评价标准的确立主要是从 C/N、有

图1—2　上海老港焚烧厂

机质变化等指标分析堆肥的腐熟状况。堆肥添加剂的研发则主要有接种剂、营养调节剂、膨胀剂、疏松剂、调理剂等。图1—3为某垃圾堆肥厂垃圾堆置图。

图1—3　垃圾堆肥厂

4. 我国生活垃圾处理技术发展趋势分析

（1）我国城市生活垃圾处理量技术构成现状。目前，我国城市生活垃圾仍以卫生填埋为主，焚烧处理技术自"十一五"以来得到了较快发展，堆肥处理市场则呈逐渐萎缩的态势。例如，2008年，我国城市生活垃圾无害化处理量为10 216万吨，其中卫生填埋8 559万吨，焚烧处理1 522万吨，堆肥处理135万吨，所占的比例如图1—4所示。

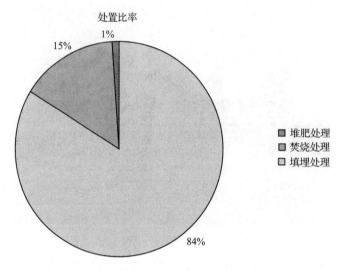

图1—4 2008年我国城市生活垃圾处理量技术构成

（2）我国城市生活垃圾处理技术发展趋势分析。目前我国垃圾仍以填埋方式为主，但从长远发展趋势来讲，由于填埋方式成本优势的缩小以及填埋场选址难度的加大，填埋处理垃圾将逐渐被边缘化。焚烧是最接近无害化、资源化和减量化原则的，大型城市普遍已将焚烧作为未来垃圾处理的主流方向。堆肥技术在中国城市垃圾处理中的地位逐渐下降，但由于成本优势显著（阿苏卫综合处理厂：120元左右/吨），以及对垃圾中有机物进行堆肥处理要优于焚烧，处理前端分选＋后端堆肥的综合处理模式在二线城市仍极具吸引力，是目前最为绿色环保的处理工艺。自2003年以来，我国填埋处理能力和处理量稳中有降，填埋场数量明显减少，而填埋场平均处理能力则稳定提高；焚烧方式呈迅速上升趋势，无论是厂家数、处理能力和处理量均明显增加；堆肥方式呈下降趋势，无论是厂家数、处理能力和处理量均下降明显。

（3）沼气发电技术在我国垃圾处理中的地位。沼气发电技术是利用工业、农业或城镇生活中的大量有机废弃物（例如酒糟液、禽畜粪、城市垃圾和污水等），经厌氧发酵处理产生沼气，驱动沼气发电机组发电，并充分将发电机组的余热用于沼气生产，综合热效率达80%左右，大大高于一般30%～40%的发电效率，经济效益显著。站在可持续发展的战略高度上，沼气发电技术在我国垃圾处理中占有重要的地位。尤其是农村沼气的推广，不仅处理了农村大量的废弃物，而且产生了绿色能源，缓解了国家的能源压力，可以说是一种集环保和节能为一体的能源综合利用的处理技术。

1.2　卫生填埋基础知识

学习目标

熟悉生活垃圾卫生填埋技术
了解填埋场填埋库区、填埋库容、有效库容及填埋单元
掌握填埋库容及有效库容的计算方法

1.2.1　填埋对象及卫生填埋

1．生活垃圾

生活垃圾是指在日常生活中或者为日常生活提供服务的活动中产生的固体废物，以及法律、行政法规规定视为生活垃圾的固体废物。

城市生活垃圾分类有两种，分为狭义和广义。狭义的垃圾分类是指城市生活垃圾收集的具体方法，即根据城市生活垃圾的组成，按一定技术标准的收集方法来分类，它与城市生活垃圾的混合收集相对。这是在大多数情况下人们理解的这个概念。而广义上的城市生活垃圾分类，是泛指城市对所有固体废物的处理过程，具体包括提供源头分类投放、分类收集、分类运输这几个环节。城市生活垃圾的分类过程和分类系统是最完整的，从系统的角度来看垃圾源头分类是最有用的，特别是研究到垃圾输送各个环节。

2．卫生填埋

卫生填埋法是发展较早的垃圾处理技术，自1930年以来经过80年的发展，已成为目前世界上最常用的垃圾处理技术。卫生填埋法是在传统土地填埋方法的基础上改良形成的一套系统化、科学化的垃圾处理方法，有着前期投资少、垃圾处理费用低、垃圾处理量大、操作简便、能处理各种类型垃圾废物等优点。为了保证高效填埋和减低垃圾填埋对环境的影响，卫生填埋必须对填埋垃圾的成分做出严格的规定，而填埋场地的选择和设计、卫生填埋作业及毒害控制也应有严格的标准。

1.2.2　填埋场

1．填埋库区

（1）填埋库区是指填埋场中用于填埋生活垃圾的区域。

（2）填埋库区建设应满足以下几点：

1）填埋库区边界距居民居住区或人畜供水点的卫生防护距离应大于 500 m。

2）填埋库区边界距河流和湖泊应大于 50 m。

3）填埋库区边界距民用机场应大于 3 km。

（3）填埋库区的占地面积宜为填埋场总面积的 70%～90%，不得小于 60%，每平方米填埋库区垃圾填埋量不宜低于 10 m³。

（4）填埋库区应按照分区进行布置，库区分区的大小主要应考虑易于实施雨污分流，分区的顺序应有利于垃圾场内运输和填埋作业，应考虑与各库区进场道路的衔接。

2. 填埋库容

（1）填埋库容是指填埋库区填入的生活垃圾和功能性辅助材料所占用的体积，即封场堆体表层曲面与平整场底层曲面之间的体积。

（2）填埋库容应保证填埋场使用年限在 10 年及以上，特殊情况下不应低于 8 年。

（3）填埋库容可按方格网法计算确定，也可采用三角网法、等高线剖切法等，方格网法计算应符合下列规定：

1）将场地划分成若干个正方形格网，再将场底设计标高和封场标高分别标注在规则网格各个角点上，封场标高与场底设计标高的差值应为各角点的高度。

2）计算每个四棱柱的体积，再将所有四棱柱的体积汇总为总的填埋场库容。方格网法库容可按下式计算：

$$V = \sum_{i=1}^{n} a^2 (h_{i1} + h_{i2} + h_{i3} + h_{i4})/4 \qquad 公式 1$$

式中　h_{i1}、h_{i2}、h_{i3}、h_{i4}——第 i 个方格网各个角点高度，m；

V——填埋库容，m³；

a——方格网的边长，m；

n——方格网个数。

3）计算时可将库区划分为边长 10～40 m 的正方形方格，方格网越小，精度越高。

4）可采用基于网格法的土方计算软件进行填埋库容计算。

3. 有效库容

（1）有效库容是指填埋库区填入的生活垃圾所占用的体积。

（2）有效库容应按下列公式计算：

1）有效库容为有效库容系数与填埋库容的乘积，应按下式计算：

$$V' = \beta V \qquad\qquad 公式2$$

式中 V'——有效库容，m^3；

　　　V——填埋库容，m^3；

　　　β——有效库容系数。

  2）有效库容系数应按下式计算：

$$\beta = 1 - (I_1 + I_2 + I_3) \qquad\qquad 公式3$$

式中 I_1——防渗系统所占库容系数；

　　　I_2——覆盖层所占库容系数；

　　　I_3——封场所占库容系数。

  3）防渗系统所占库容系数应按下式计算：

$$I_1 = \frac{A_1 h_1}{V} \qquad\qquad 公式4$$

式中 A_1——防渗系统的表面积，m^2；

　　　h_1——防渗系统厚度，m；

　　　V——填埋库容，m^3。

  4）覆盖层所占库容系数应符合下列规定：

  ①平原型填埋场黏土中间覆盖层厚度为30 cm，垃圾层厚度为10~20 m时黏土中间覆盖层所占用的库容系数可近似取1.5%~3%。

  ②日覆盖和中间覆盖层采用土工膜作为覆盖材料时，可不考虑其影响，覆盖层所占库容系数近似取0。

  5）封场所占库容系数应按下式计算：

$$I_3 = \frac{A_{2T} h_{2T} + A_{2S} h_{2S}}{V} \qquad\qquad 公式5$$

式中 A_{2T}——封场堆体顶面覆盖系统的表面积，m^2；

　　　h_{2T}——封场堆体顶面覆盖系统厚度，m；

　　　A_{2S}——封场堆体边坡覆盖系统的表面积，m^2；

　　　h_{2S}——封场堆体边坡覆盖系统厚度，m；

　　　V——填埋库容，m^3。

4. 填埋单元

  填埋区占地面积较大，全部按一个分区铺设防渗膜的技术可行性较差，而且不利于雨污分流，但分区过细又会增加防渗膜的铺设量和分区坝的土方用量，同时减小了垃圾填埋库容，造成经济上的不合理。因此，作业单元划分大小主要考虑下述因素：

（1）作业单元划分不宜过小，否则将导致土建费用增加，垃圾填埋库容减小，库底盲沟和渗沥液输送系统过于复杂。

（2）根据垃圾填埋量计算填埋区每天需要开设的作业面数量。

（3）必须充分考虑填埋作业机械（推土机、压实机）的有效作业半径，一般推土机的作业半径为 60 m 左右比较合适。

本章测试题

一、判断题（下列判断正确的请打"√"，错误的打"×"）

1. 生活垃圾指的是人们在生活、娱乐、消费过程中产生的废弃物，以及法律、行政法规规定为城市生活垃圾的固体废弃物。　　　　　　　　　　　　　（　　）

2. 国家高技术发展计划（863 计划）首次支持起动了四个固体废物处理处置方面的研究项目："城市生活垃圾生态填埋成套技术与设备""城市生活垃圾焚烧成套技术与设备""城市生活垃圾资源化利用技术及设备""危险废物处理处置技术"。

（　　）

3. 填埋气体控制和利用技术是从 1998 年杭州天子岭生活垃圾填埋场利用外资引进技术，建立起我国第一个填埋气体发电厂开始的。　　　　　　　　（　　）

4. 我国垃圾焚烧处理技术发展较晚，总体上是在借鉴吸收国外先进技术、工艺及装备的基础上，结合我国垃圾特点进行技术和设备的改造。　　　　　　（　　）

5. 堆肥添加剂的研发包括：接种剂、营养调节剂、膨胀剂、疏松剂、调理剂等。

（　　）

6. 农村沼气的推广，不仅处理了农村大量的废弃物，而且产生了绿色能源，缓解了国家的能源压力，可以说是一种集环保和节能为一体的能源综合利用的处理技术。

（　　）

7. 广义上的城市生活垃圾分类是泛指城市对所有固体废物的处理过程，具体包括提供源头分类投放、分类收集、分类运输这几个环节。　　　　　　　　（　　）

8. 卫生填埋不必对填埋垃圾的成分做出严格的规定，而填埋场地的选择和设计、卫生填埋作业及毒害控制应有严格的标准。　　　　　　　　　　　　　（　　）

9. 填埋库区应按照分区进行布置，大小主要应考虑易于实施雨污分流，分区的顺

序应有利于垃圾场内运输和填埋作业，应考虑与各库区进场道路的衔接。　（　　）

10. 填埋库容只能按方格网法计算确定，不可采用三角网法、等高线剖切法等。

（　　）

11. 有效库容是指填埋库区填入的生活垃圾所占用的体积。　（　　）

12. 必须充分考虑填埋作业机械（推土机、压实机）的有效作业半径，一般推土机的作业半径为 50 m 左右比较合适。　（　　）

二、单项选择题（下列每题的选项中，只有 1 个是正确的，请将其代号填在括号中）

1. 中国进行垃圾无害化处理的手段不包括（　　）。

A. 填埋　　　　　B. 焚烧　　　　　C. 自然降解　　　　　D. 堆肥

2. 中国生活垃圾清运量约占产生量的（　　）。

A. 四分之一　　　B. 三分之一　　　C. 二分之一　　　D. 三分之二

3. 2010 年，中国的城市垃圾无害化处理率将达到（　　）以上。

A. 50%　　　　　B. 60%　　　　　C. 70%　　　　　D. 75%

4. （　　）五期间我国垃圾处理的技术政策为：近期内应着重发展卫生填埋和高温堆肥处理技术，有条件的地方可发展焚烧与综合利用技术。

A. 八　　　　　　B. 九　　　　　　C. 十　　　　　　D. 十一

5. （　　）五期间城市垃圾堆肥处理经历了停滞甚至萎缩的历程。

A. 八　　　　　　B. 九　　　　　　C. 十　　　　　　D. 十一

6. （　　）五期间生活垃圾处理技术主要是集中在堆肥方面，填埋技术和焚烧技术并未涉及。

A. 六　　　　　　B. 七　　　　　　C. 八　　　　　　D. 九

7. 1991 年开始，在我国第一个垃圾卫生填埋场——杭州天子岭固体废弃物总场一期工程建成使用了（　　）防渗。

A. 水平　　　　　B. 垂直　　　　　C. 倾斜　　　　　D. 梯形

8. 我国自 1997 年开始，首次在深圳市下坪固体废弃物填埋场一期工程建成使用了防渗（　　）。

A. 塑料薄膜　　　B. 水泥板　　　　C. HDPE 膜　　　D. 麻布

9. 防渗技术经历了 20 世纪（　　）年代开始的自然防渗阶段。

A. 70　　　　　　B. 80　　　　　　C. 90　　　　　　D. 60

10. 烟气净气系统的配置，从干法加静电除尘器过渡到了（　　）除尘器。

A．湿法加布袋　　　　　　　　B．半干法加布袋

C．湿法　　　　　　　　　　　D．半干法

11．焚烧产生的飞灰的安全处置已引起重视，采用（　　）和安全填埋措施已有所应用。

A．水泥固化　　　　　　　　　B．直接填埋

C．水洗　　　　　　　　　　　D．酸洗

12．垃圾焚烧主要可从焚烧装备、余热锅炉（主要是蒸汽参数）、（　　）、飞灰处理与处置、建厂规模（日处理能力）等五方面来概括焚烧技术的发展历程。

A．余热利用　　　　　　　　　B．设备改进

C．工艺改进　　　　　　　　　D．烟气净化

13．堆肥系统主要有：条垛系统、强制通风静态垛系统和（　　）系统。

A．调节　　　　B．反应器　　　　C．自动排气　　　　D．被动排气

14．堆肥技术主要包括堆肥系统的开发、堆肥的条件控制适宜参数的研究、（　　）评价标准的确立和堆肥添加剂的研究开发。

A．产品质量　　　B．反应过程　　　C．腐熟度　　　　D．污染物

15．堆肥条件控制包括原料、影响因素［水分、（　　）、C/N、温度］等工艺参数。

A．气压　　　　B．液固比　　　　C．氮含量　　　　D．氧含量

16．目前，我国城市生活垃圾以（　　）为主，焚烧处理技术在"十一五"期间得到了较快发展，堆肥处理市场则呈逐渐萎缩的态势。

A．粗放式填埋　　　　　　　　B．焚烧

C．卫生填埋　　　　　　　　　D．堆肥

17．焚烧是最接近无害化、资源化和减量化原则的，大型城市普遍已将（　　）作为未来主流的方向。

A．粗放式填埋　　　　　　　　B．焚烧

C．卫生填埋　　　　　　　　　D．堆肥

18．（　　）技术是目前最不绿色环保的处理工艺，所以逐渐退出市场。

A．粗放式填埋　　　　　　　　B．焚烧

C．卫生填埋　　　　　　　　　D．堆肥

19．垃圾（　　）分类从系统的角度来看是最有用的，特别是研究到垃圾输送各个环节。

A. 源头   B. 收集   C. 运输   D. 处置

20. （   ）是指在日常生活中或者为日常生活提供服务的活动中产生的固体废物，以及法律、行政法规规定视为生活垃圾的固体废物。

    A. 医疗垃圾   B. 生活垃圾

    C. 建筑垃圾   D. 放射性废弃物

21. 狭义的垃圾分类是指城市生活垃圾收集的具体方法，即根据城市生活垃圾的（   ），按一定技术标准的收集方法来分类，它与城市生活垃圾的混合收集相对。

    A. 有机含量   B. 含水率   C. 组成   D. 来源

22. （   ）法是发展较早的垃圾处理技术，自1930年以来经过80年的发展，已成为目前世界上最常用的垃圾处理技术。

    A. 粗放式填埋   B. 焚烧

    C. 卫生填埋   D. 堆肥

23. （   ）法有着前期投资少、垃圾处理费用低、垃圾处理量大、操作简便、能处理各种类型垃圾废物等优点。

    A. 粗放式填埋   B. 焚烧

    C. 卫生填埋   D. 堆肥

24. （   ）法是在传统土地填埋方法的基础上改良形成的一套系统化、科学化的垃圾处理方法。

    A. 粗放式填埋   B. 焚烧

    C. 卫生填埋   D. 堆肥

25. 填埋库区边界距居民居住区或人畜供水点的卫生防护距离应大于（   ）m。

    A. 300   B. 400   C. 500   D. 600

26. 填埋库区的占地面积宜为填埋场总面积的70%～90%，不得小于（   ）%，每平方米填埋库区垃圾填埋量不宜低于10 m³。

    A. 50   B. 60   C. 70   D. 80

27. （   ）是指填埋场中用于填埋生活垃圾的区域。

    A. 填埋库区   B. 填埋单元   C. 填埋场   D. 填埋分区

28. 填埋库容应保证填埋场使用年限在（   ）年及以上，特殊情况下不应低于8年。

    A. 10   B. 12   C. 15   D. 20

29. （   ）是指填埋库区填入的生活垃圾和功能性辅助材料所占用的体积，即封场堆体表层曲面与平整场底层曲面之间的体积。

    A. 填埋库容   B. 填埋单元   C. 填埋场   D. 填埋分区

30. 方格网法计算填埋库容时，可将库区划分为边长 10 ~（   ）m 的正方形方格，方格网越小，精度越高。

    A. 25   B. 30   C. 35   D. 40

31. 有效库容为（   ）与填埋库容的乘积。

    A. 有效填埋深度   B. 理论填埋深度

    C. 有效库容系数   D. 理论库容系数

32. 确定覆盖层所占库容系数时，平原型填埋场黏土中间覆盖层厚度为 30 cm，垃圾层厚度为 10 ~（   ）m 时黏土中间覆盖层所占用的库容系数 I_2 可近似取 1.5% ~ 3%。

    A. 16   B. 18   C. 20   D. 25

33. 确定覆盖层所占库容系数时，日覆盖和中间覆盖层采用土工膜作为覆盖材料时，可不考虑其影响，I_2 近似取（   ）。

    A. 0.5   B. 0   C. 2   D. 5

34. 根据垃圾填埋量计算，污泥填埋区和生活垃圾填埋区每天需要（   ）个作业面完成填埋作业。

    A. 2   B. 2 ~ 3   C. 3   D. 3 ~ 4

35. 填埋区占地面积较大，全部按一个分区铺设防渗膜的技术可行性较差，而且不利于（   ）。

    A. 压实   B. 运输   C. 雨污分流   D. 封场

36. 作业单元划分不宜过小，否则将导致土建费用增加，垃圾填埋（   ）减小，库底盲沟和渗沥液输送系统过于复杂。

    A. 压实度   B. 周期   C. 面积   D. 库容

本章测试题答案

一、判断题

1. √   2. √   3. √   4. √   5. √   6. √   7. √   8. ×

9. √   10. ×   11. √   12. ×

二、单项选择题

1. C   2. C   3. B   4. A   5. D   6. B   7. B   8. C

9. B   10. B   11. A   12. D   13. B   14. C   15. D   16. C

17. B   18. D   19. A   20. B   21. C   22. C   23. C   24. C

25. C   26. B   27. A   28. A   29. A   30. D   31. C   32. C

33. B   34. B   35. C   36. D

第 2 章

卫生填埋场作业设备配置

2.1　主要设备配置及功能

学习目标

熟悉生活垃圾填埋场主要设备配置

熟悉这些主要设备和辅助设备的常用设备机型

熟悉设备的作业功能及操作流程

了解设备作业过程的注意事项

2.1.1　主要设备类型及配置原则

1．设备类型

根据填埋的作业工艺，填埋场作业设备主要有以下几种类型：

（1）推平作业用：推土机。

（2）摊铺作业用：推土机、挖掘机。

（3）压实作业用：推土机、挖掘机、压实机。

（4）铺设钢板道路作业用：挖掘机、装载机。

2．配置原则

设备管理分为前期管理和后期管理两部分，总称设备全过程管理。

（1）设备的前期管理是指设备转入固定资产前的规划、设计、制造、购置、安装、调试等过程的管理，设备的配置就是设备的前期管理，是设备全过程管理的重要部分。

（2）设备的后期管理是指设备投入生产后的使用、维护、改造、更新、租赁、出售、报废处置的管理，也是设备全过程管理的重要组成部分。

设备部门要参与前期管理中各个阶段的管理工作和各个阶段的工作计划，包括：设备规划方案的调研、可行性研究和决策；设备供货的调查、情报收集、整理分析；设备投资计划编制、费用预算及实施程序；设备采购、订货合同及运输管理；设备安装、调试及使用初期的效果分析、评价和信息反馈等工作。

在前期管理各个阶段的操作中，还应结合填埋场的实际情况，注意设备规划应围绕填埋场的发展目标，并考虑市场状况、生产的发展、节能、安全、环保等方面的需要，通过调查研究和技术经济分析，结合现有设备能力、资金来源，综合平衡，制定填埋场的短期和中长期设备规划。

设备选型的基本原则是：生产适用，技术先进，使用安全，经济合理，质量可靠，维修便利，售后服务有保证。在签订大型、高精度、特殊或高价设备的购销合同时，应提出对生产厂家进行现场安装调试的监督、验收、试车和生产厂家对售后技术服务的承诺条款。

设备进场后，由设备管理部门负责组织有关部门进行开箱验收，办理有关手续。设备的安装应由设备管理部门组织人员进行或安排有关部门进行，如本单位无能力安装调试，应聘请专业人员指导安装和调试工作。

设备安装调试完成后，应组织场内验收，并做好验收记录。设备在使用初期，应仔细观察记录其运转情况，做好早期故障管理，并将原始记录整理归档。

目前，国内在填埋场专用设备的研究开发上尚处于起步阶段，大部分填埋场是以针对土方工程设计的机械设备来装备，要使这些设备在比土方工程更为恶劣的生活垃圾处置环境中正常运作，我们就必须重视设备的前期管理。在具体配置的过程中，要把好选型和购置关，择优录用，防止盲目性。

由于一些设备在用于垃圾填埋中往往是多功能的，一种设备可以有多种功能，故这里对国内填埋场中常用的、重要的大型填埋机械作些介绍，以供参考。为了使填埋场的日常操作规范化、标准化，填埋场应该配备完整的填埋机械设备。一般垃圾卫生填埋场各种主要大型机械设备的配置要求，见表2—1。

表2—1　　　　　　　　　填埋场主要机械设备的配置原则

规模（t/天）	推土机	挖掘机	压实机	装载机
0～500	1台	1台	1台	1台

续表

规模（t/天）	推土机	挖掘机	压实机	装载机
500 ~ 1 000	2 台	1 台	1 台	1 台
1 000 ~ 2 000	4 台	2 台	1 台	1 台
≥2 000	6 台以上	3 台以上	2 台以上	2 台以上

注：原则上，每 1 000 t 填埋任务，配置一个卸点，即两台推土机、一台挖掘机、一台压实机、一台装载机，并且按 20% 的比例配置备用设备，不足一台的配一台。

2.1.2 主要设备作业功能

1. 推土机

卫生填埋场推土机一般用于垃圾摊铺、压实作业。摊铺作业中，单台推土机作业时，以卸料堆垛点为顶点呈锥面展开；两台推土机配合作业时，由一台推土机将卸下的垃圾推离卸料平台，另一台由上而下将垃圾向纵深推进。确保作业面满铺，边缘呈自然坡度，坡度 <1:5；推土机铲刀与地面距离保持为 0.3 ~ 0.5 m，确保摊铺均匀，作业面坡度保持约 1:100；作业单元由下而上逐层填埋至与隔堤路面高度一致；造坡时，推土机以层厚 0.5 m、坡度 1:30 由路边向单元中心推铺，逐层布料压实，形成填埋作业终面。

卫生填埋场环卫型推土机选型要求为：自重在 25 t 以上，额定功率不小于 162 kW，坡面行驶坡度可达 1:1.73（30°），铲刀采用环卫型铲刀，履带板宽度不小于 0.91 m，作业环境温度为常温。如图 2—1 是宣工针对垃圾场的使用工况专门设计的 T140HW 推土机，主要用于垃圾场填埋、平整、压实等。

图 2—1 推土机

2. 挖掘机

卫生填埋场挖掘机的功能是整平和修坡。挖掘机与推土机协调作业，观察垃圾地形，控制铲斗挖掘深度在 4 m，配合推土机作业，整平堆体表面，达到表面无明显凹凸，使作业面坡度保持在 1:100；在坡上作业时，坡度不超过 1:2.14（25°）；沿坡纵向行驶，避免横坡行驶，防止侧翻，并保证坡面平整，坡度可达到 1:3。图 2—2 为某垃圾填埋场正在作业的挖掘机。

图 2—2　某垃圾填埋场正在作业的挖掘机

卫生填埋场环卫用挖掘机的选型为液压型履带式挖掘机，自重在 20 t 以上，额定功率不小于 134 kW，坡面行驶坡度可达 1:1.73（30°），斗容不小于 0.8 m³，履带板宽度不小于 0.6 m，作业环境温度为常温。

3. 压实机

垃圾压实机是填埋设备中最为重要的。作业时，利用前推板推平垃圾，用带有专门设计压实齿的压实轮碾碎和压实垃圾，并摊平和压实覆土。强有力的压实设备能增大垃圾压实程度，使堆体压实密度增大，以延长填埋场使用年限，降低填埋场单位投资，并使填埋作业面较紧密，填埋机械不易沉降，减少填埋后堆体的不均匀沉降，有利于排渗导气系统的稳定和堆体总体上的稳定性。

图 2—3　宝马 BC 系列垃圾压实机

如图 2—3 所示，目前使用较多的垃圾压实机为 BOMAG（宝马）BC601RB 型卫生填埋压实机。但由于 BOMAG 压实机价格较高，国内大多数卫生填埋场由履带式推土机代替其进行压实作业。

4．装载机

卫生填埋场装载机主要用来收集散落垃圾，确保临时道路及卸料平台无垃圾堆积。此外，关于装载钢板路基箱，应采用专用夹具夹运钢板路基箱至铺设地点，根据需要及时铺设钢板路基箱，并确保其平整、整齐。轮式装载机如图 2—4 所示。

图 2—4　轮式装载机

2.2　辅助设备配置及功能

学习目标

了解生活垃圾填埋场辅助设备配置

熟悉辅助设备的常用设备机型

熟悉设备的作业功能及操作流程

掌握设备作业过程的注意事项

2.2.1　辅助设备类型及配置原则

1．设备类型

根据功用的不同，填埋场辅助设备主要有以下几种类型：

（1）车辆卸料用：卸料平台。

（2）车辆通行用：钢板路基箱。

（3）抽排污水用：污水泵。

（4）除臭用：风炮。

（5）作业现场临时取电用：发电机组。

2．配置原则

填埋场辅助设备配置原则见表2—2。

表2—2　　　　　　　　填埋场辅助设备的配置原则

序号	种类	配置原则
1	卸料平台	每一个卸点配置1块
2	钢板路基箱	每一个卸点配置500块
3	污水泵	每一个库区配置4台（2台污水泵，2台地下水泵）
4	风炮	每一个卸点配置4台（固定式、电动式各2台）
5	发电机组	2台（按需使用）

注：原则上，每1 000 t填埋任务，配置一个卸点，并按20%比例配置备用设备。

2.2.2 辅助设备作业功能

1．卸料平台

以槽钢等为箱形骨架结构基础，四面以钢板焊接，使用面层焊以防滑条；可解决垃圾车卸料时形成一定高度落差的问题；填埋场铺设后作为车辆卸料的作业平台。钢结构卸料平台铺设要求：

（1）平台设置应满足生产需要，以1 000 t垃圾/平台为宜。

（2）钢结构平台铺设应有职能部门的平面设计图，并按图纸铺设。

（3）平台铺设时，必须后高前平（与钢板之间），角度范围0～3°，左右保持水平。作业过程中若发现平台倾斜，应停止生产，及时修复。每个平台前，除钢板正常道路外，倒车铺道需满足40 t位集卡的最小转弯半径，不少于8块钢板路基箱（12 m）。平台要合理分布，保证生产畅通，切忌在倒车时，借用相邻平台。在作业面转换七天内，允许两只以下平台在倒车时临时借用。

（4）平行平台之间应保持不小于20 m的间距。

2. 钢板路基箱

钢板路基箱主要用于填埋作业区域临时道路的铺设。箱形结构，以槽钢等为骨架基础，两侧以钢板焊接，使用面层焊以防滑条；可以双层、双排或横向、纵向构筑。图2—5为由钢板路基箱铺设的临时道路。

图2—5　由钢板路基箱铺设的临时道路

（1）临时道路铺设

1）在临时道路铺设时，钢板横向、纵向连接必须保持整齐，钢板路基箱之间的缝口不大于10 cm，相邻路基箱之间的高低落差不大于5 cm。使用过程中钢板路基箱之间的缝口不得大于20 cm，若发现过大，应及时修复。

2）钢板道路各转弯处要求水平铺设，不带有坡度，确保车辆安全行驶。

3）钢板道路最大坡度不大于8%。

4）钢板道路需要有弯道时，与坡度岔开，弯道处的钢板道路半径不小于12 m。

5）钢板道路坡道的长度超过50 m时，要求在中途铺设台阶型停车位置，长度为20 m左右，防止车辆起步时发生倒溜或侧滑。

6）道路两侧建设排水通道。

7）在卸料平台区域，钢板路两侧设置明显的标识，如彩条布，交通锥等；钢板道路应保持平整；相邻两块钢板之间的高低落差不大于5 cm。

8）设有转弯处的道路，转弯半径不少于12 m，弯道需会车时应增加至不少于26 m（12 m×2＋2 m＝26 m），保证双向行车有安全距离，若弯道过小，易造成车辆前轮侧滑，特别是 40 t 以上双桥车辆，安全得不到保障。

9）控制道路长度，临时道路长度应在 500 m 以内。

（2）转弯区域钢板路基箱的铺设

1）为了解决目前垃圾填埋作业钢板道路转弯处缝隙过大导致颠簸或事故的问题，设计转弯区域专用钢板路基箱，如图 2—6 所示。

图 2—6　转角钢板路基箱

2）钢板连接处设置连接板，用专用插销固定。

3）转弯区域内侧边缘横纵 9 m 范围内设置高 0.3 m 的止轮坎（防止车轮滑出路基箱）和高 1.5 m 的标杆（用以警示驾驶员）。

4）转弯区域内禁止会车，并设置警示牌。

5）转弯区域外侧设置安全距离，为主车道向外 1～1.5 m。

（3）钢板路基箱道路养护保洁

1）作业人员应穿戴醒目的工作服，配戴口罩、工作鞋等必要的防护用具。

2）钢板道路表面应保持清洁，作业前、中、后保持三次正常清扫，中午吃饭停止作业和当天生产结束后都应安排人员进行清扫，必要时应增加保洁次数，以保持钢板道路无明显杂物。

3）若道路出现垃圾大面积散落，应通知驾驶员停止通行，待扫清道路后再恢复通行。

4）道路应没有明显的积水和凹陷，在 100 m² 内，不能同时出现 5 处及以上的坑，高低差应不大于 10 cm，每个坑的面积不大于 0.5 m²。

5）雨季增加 24 h 排水，确保钢板路基箱不浸泡在污水中。

6）钢板路基箱防滑焊接条表面必须保持清洁，防滑条必须完好，无跷起现象，发现情况立即处理。

7）道路出现 10 cm 以上防滑条焊接脱落时，应及时起动应急车抢修，如较严重可通知驾驶员停止通行，待危险解除后再恢复通行。

3．污水泵

污水泵广泛应用于石化、矿山、冶金、电力以及城市排污、垃圾填埋场导流等污水污泥处理作业。由于污水泵工作条件相当恶劣，所抽送的介质也对污水泵工况有很大影响，故同清水泵相比，同样比转速的污水泵效率相对较低，使用寿命相比较短。因此，要分别从污水泵理论研究、内特性研究、外特性研究、水力设计等几个方面选取适合垃圾填埋场的污水泵。

填埋场排水系统的选择由渗沥液量的大小、雨水等因素来确定，常见的排水系统有集中排水系统和分段排水系统两种。排水高度较低时，可以直接将水集中排至大巷水沟；排水高度较高时，若水泵的扬程不足以直接把水排至大巷水沟，可以采取分段排水方式。多级泵扬程高；单级泵分为单吸叶轮和双吸叶轮，流量大，扬程低。多级离心泵由定子和转子部分组成，水泵的定子部分主要由前段、中段、后段、导水圈、尾盖及轴承架等零部件用螺栓连接而成，水泵的转子部分主要由装在轴上的叶轮和平衡盘组成。整个转子部分支撑在轴两端的圆柱滚子轴承上，泵的前中后段间用螺栓固定在一起，各级叶轮及导水圈之间靠叶轮前后的大扣环和小扣环密封。泵轴穿过前后段部分的密封靠填料、填料压盖组成的填料函来完成。水泵的轴向推力决定了该系列污水泵是否能排放高浓度的重介质污水。

4．风炮

风炮，即远射程风送式喷雾机，通过高压柱塞泵把药液加压至 15 kg/cm² 以上，经高压管输送至高压喷雾头喷出雾状药液，同时经由大风量、高压的鼓风机把雾状药液风送至目标。由于药液雾化程度好（液滴平均直径为 50～150 μm），且经鼓风机风送的距离（射程）较远（垂直 10 m，水平 20 m），且鼓风机的风能吹得到的地方都能喷到药液，因此非常适合用于垃圾堆场的大面积消毒、除臭、防疫，森林防护、城市园林绿化、行道树等高大林木的病虫害防治，以及开岩场、选煤场等的降尘及降温。

风炮除臭装置由控制系统、工作液供应系统、雾化喷嘴系统、压缩空气系统组成，如图 2—7 所示。使用时应注意：

（1）风炮应设置在作业面的周围，与作业区机械设备保持安全距离，尽量使其位于作业区上风向。

图 2—7　填埋场除臭风炮

（2）经常检查风炮动力系统安全。给发动机加油时，一定要先停机后加油；加油时切勿抽烟；不要使燃油溢出，如果燃油不小心外溢，要马上用抹布擦干。

（3）系统正常运行时，设备噪声排放应符合城市区域噪声标准。

5．发电机组

（1）发电机不能在潮湿的环境下使用，也不能放在室内，因为室内通风不畅容易造成一氧化碳中毒。另外，发电机使用时必须与易燃、易爆物品隔开 1 m 以上。

（2）发电机使用时一定要与公共电网隔离。在将发电机接上作业电网之前，一定要将电源总闸门关掉，断开与公共电网的联系，如果没断开，发电机就会向公共电网倒送电，这时可能发生两方面的事故：一是发电机承受不起巨大的负荷而烧毁，更危险的是有可能导致公共电网维护人员触电致命；二是一旦公共电网突然来电，强大的电流将烧毁发电机，严重的甚至还会引起火灾，威胁使用者的生命安全。

（3）确保发电机健康运转，避免长期超负荷运转。超负荷运转会使发电机的使用寿命缩短，噪声、废气污染增加，更为严重的是输出电压达不到额定值容易造成电器损坏。

（4）经常检查发电机的机油够不够。当机油不足时发电机保护装置无法正常起动。

给发电机加油时，一定要先停机后加油；加油时切勿抽烟；不要使燃油溢出，如果燃油不小心外溢，要马上擦干。

本章测试题

一、判断题（下列判断正确的请打"√"，错误的打"×"）

1. 卫生填埋场主要作业设备包括：推土机、挖掘机、装载机、吊车。　　（　　）

2. 卫生填埋场主要作业设备——挖掘机主要用于垃圾的摊铺、压实工作。（　　）

3. 卫生填埋场单台推土机摊铺作业时，应以卸料堆垛点为顶点呈锥面展开。

（　　）

4. 推土机工在作业时，对影响生产及质量、危及设备、危及人身安全的违章作业指挥，无权拒绝执行，必须全力配合。　　　　　　　　　　　　　　（　　）

5. 卫生填埋场挖掘机的功能是整平和修坡。　　　　　　　　　　　（　　）

6. 挖掘机作业时与推土机协调作业，观察垃圾地形，控制铲斗挖掘深度在 5 m。

（　　）

7. 垃圾压实机作业时利用前推板推平垃圾，用带有专门设计压实齿的压实轮碾碎和压实垃圾，并摊平和压实覆土。　　　　　　　　　　　　　　　（　　）

8. 卫生填埋场装载机的主要作用是铺设钢板路基箱和卸料平台。　　（　　）

9. 正常情况下，在作业倒车时，不可借用相邻平台，但在作业面转换七天内，允许两只以下平台在倒车时临时借用。　　　　　　　　　　　　　　（　　）

10. 多级离心泵由定子和转子部分组成，水泵的定子部分主要由前段、后段、导水圈、尾盖及轴承架等零部件用螺栓连接而成。　　　　　　　　　　（　　）

11. 钢板路基箱道路保洁作业人员应穿戴醒目的工作服，配戴口罩、工作鞋等必要的防护用具。　　　　　　　　　　　　　　　　　　　　　　　（　　）

12. 风炮其实是远射程风送式喷雾机。　　　　　　　　　　　　　（　　）

13. 在卸料平台区域，钢板路两侧应设置明显的标识，如彩条布、交通锥等。

（　　）

14. 卸料平台铺设时，必须后高前平。　　　　　　　　　　　　　（　　）

15. 任何时候都可以在倒车时借用相邻平台。　　　　　　　　　　（　　）

16. 钢板路基箱的铺设，以槽钢等为骨架基础，两侧以钢板焊接，使用面层焊以防滑条，为箱形结构；可以双层、双排或横向、纵向构筑。　　　　　（　　）

17. 道路出现垃圾大面积散落，应通知驾驶员停止通行，待扫清道路后再恢复通行。　　　　　　　　　　　　　　　　　　　　　　　　　　　（　　）

18. 多级泵流量大，扬程低。　　　　　　　　　　　　　　　　　（　　）

19. 给风炮发动机加油时，一定要加满直至燃油外溢。　　　　　（　　）

20. 风炮除臭装置由控制系统、工作液供应系统、雾化喷嘴系统、压缩空气系统组成。　　　　　　　　　　　　　　　　　　　　　　　　　　（　　）

21. 发电机不能在潮湿的环境下使用，也不能放在室内，因为室内通风不畅容易造成一氧化碳中毒。　　　　　　　　　　　　　　　　　　　　　（　　）

22. 卫生填埋场污水泵的选取要分别从污水泵理论研究、内特性研究、外特性研究、水力设计等几个方面考虑，选取适合垃圾填埋场的污水泵。　　　　　（　　）

二、单项选择题（下列每题的选项中，只有 1 个是正确的，请将其代号填在括号中）

1. 当发现发电机的机油不够时，应注意（　　）。
A. 先停机后加油　　　　　　　　B. 不停机直接加油
C. 继续运行　　　　　　　　　　D. ABC 均不对

2. 给风炮发动机加油时，如果燃油不小心外溢，要马上（　　）。
A. 用抹布擦干　　　　　　　　　B. 用水清洗
C. 用灭火器喷淋　　　　　　　　D. ABC 均可

3. 风炮应设置在作业面的周围，与作业区机械设备保持安全距离，尽量使其位于作业区（　　）。
A. 下风口　　　B. 上风向　　　C. 上下风口均可　　　D. ABC 均不对

4. 卫生填埋场污水泵同清水泵相比，同样的转速下污水泵效率相对（　　）。
A. 较低　　　B. 较高　　　C. 相同　　　　　　D. ABC 均不对

5. 转弯区域钢板路基箱的铺设中，应在转弯区域内侧边缘横纵 9 m 范围内设置高（　　）m 的标杆。
A. 1　　　　B. 1.2　　　　C. 1.5　　　　D. 2

6. 转弯区域钢板路基箱的铺设中，应在转弯区域内侧边缘横纵 9 m 范围内设置高（　　）m 的止轮坎。
A. 0.2　　　B. 0.3　　　C. 0.4　　　D. 0.1

7. 卸料平台铺设时，每只平台前除钢板正常道路外，倒车铺道需满足 40 t 位集卡的最小转弯半径，不少于（　　）块钢板路基箱。

A. 6   B. 8   C. 10   D. 12

8. 卫生填埋场挖掘机的功能是（ ）。

A. 摊铺和压实   B. 铺设钢板路基箱

C. 整平和修坡   D. ABC 均不对

9. 卫生填埋场环卫用挖掘机为：液压型履带式挖掘机，自重在（ ）t 以上。

A. 10   B. 15   C. 20   D. 30

10. 卫生填埋场环卫用挖掘机为：液压型履带式挖掘机，额定功率不小于（ ）kW。

A. 133   B. 134   C. 135   D. 136

11. 卫生填埋场环卫用挖掘机为：液压型履带式挖掘机，斗容不小于（ ）m^3。

A. 0.7   B. 0.8   C. 1   D. 1.5

12. 卫生填埋场环卫用挖掘机为：液压型履带式挖掘机，履带板宽度不小于（ ）m。

A. 0.3   B. 0.4   C. 0.5   D. 0.6

13. 卫生填埋场两台推土机配合作业时，由一台推土机将卸下的垃圾推离卸料平台，另一台（ ）将垃圾向纵深推进。

A. 由上而下 B. 由下而上 C. 斜向   D. 以上选项均正确

14. 推土机填埋作业时，作业单元由下而上逐层填埋至（ ）。

A. 与隔堤路面高度一致   B. 比隔堤路面高度低

C. 比隔堤路面高度高   D. ABC 均可

15. 挖掘机在坡上行驶时必须沿坡纵向行驶，原因不是下列哪一项？（ ）

A. 保证不破坏坡度   B. 保证坡面平整

C. 防止侧翻   D. 省油

16. 卫生填埋场垃圾压实机的作用是（ ）。

A. 增大堆体密度   B. 延长填埋场使用年限

C. 降低填埋场单位投资   D. 以上选项均正确

17. 下列选项中（ ）不是填埋作业面较紧密的好处。

A. 方便快捷

B. 填埋机械不易沉降

C. 减少填埋后堆体的不均匀沉降

D. 有利于排渗导气系统的稳定和堆体总体稳定

18. 卫生填埋场垃圾压实机要根据需要及时铺设钢板路基箱，确保其（　　）。

A. 无滑移 　　　　　　　　　B. 干净清洁无障碍物

C. 平整、整齐 　　　　　　　D. 以上选项均正确

19. 发电机组长时间超负荷运行会导致（　　）。

A. 使用寿命减短 　　　　　　B. 噪声、废气污染加重

C. 输出电压达不到额定值 　　D. 以上选项均正确

20. 风炮通过高压柱塞泵把药液加压至（　　）kg/cm^{2}以上。

A. 20 　　　　　B. 15 　　　　　C. 10 　　　　　D. 5

本章测试题答案

一、判断题

1. ×　　2. ×　　3. √　　4. ×　　5. √　　6. ×　　7. √　　8. √

9. √　　10. ×　　11. √　　12. √　　13. √　　14. √　　15. ×　　16. √

17. √　　18. ×　　19. ×　　20. √　　21. √　　22. √

二、单项选择题

1. A　　2. A　　3. B　　4. A　　5. C　　6. B　　7. B　　8. C

9. C　　10. B　　11. B　　12. D　　13. A　　14. A　　15. D　　16. D

17. A　　18. D　　19. D　　20. B

第 3 章

生活垃圾卫生填埋作业基本工艺

3.1 填埋物的接收和倾卸

学习目标

了解填埋物的接收程序

掌握卫生填埋场可接收垃圾和不可接收垃圾

掌握垃圾倾卸程序及注意事项

3.1.1 填埋物的接收

1. 接收程序

所有进场车辆将被称重，并由车辆和驾驶员提供必要的信息。进场车辆要接受垃圾检查，以便确保只有可接收的垃圾运送到填埋场。载有本填埋场不允许接收垃圾的车辆不准进入，并告知有关单位此类拒收的情况。称重及检查后，车辆根据现场标志牌、道路标识和交通指示牌行驶至规定的倾倒区，到达垃圾倾卸现场后，运输车辆须按秩序排队，依次将垃圾卸至作业点。

2. 计量

地磅房设施处应安装一个地磅房计算机管理系统，用来记录所有运送到填埋场的可接收垃圾。该地磅房计算机管理系统将记录的每辆车的主要信息如下：

（1）车辆注册号码。

（2）进场时间。

（3）进场日期。

（4）出场时间。

（5）出场日期。

（6）进场重量。

（7）出场重量。

（8）车辆检查（有/否）。

（9）垃圾类别（询问司机）。

（10）处理或储存地点的地区号。

（11）垃圾来源区域/辖区（可提供的话）。

（12）制造者（可提供的话）。

垃圾车辆先进入填埋场入口前的专用通道，该通道带有足够设施以保证车辆排列有序地进入。在场门前面将提供一个会车道，从而保证当大门锁住或者车辆错误进入入口区域时可以调头。场地入口的进出通道将使用混凝土路面。

在场地入口处设立一个填埋场识别标志，并提供本场运营的相关信息。在场地入口的重要位置处设置照明设施，以标明车行道和标志，并防止破坏行为。

所有进入和外出装载允许垃圾和可回收材料的负载都将在地磅房设施处称重并记录。但一些车辆可能不需要在出场时称重，因为车辆的毛重已记录在系统中并定期检查，地磅房将定期测试、校准和认证，所进行校准的记录将被保存在地磅房设施处以备政府的审查。地磅房设施将由经过适当培训的人员操作，操作流程如图3—1所示。

3．准入

（1）可接收垃圾。垃圾填埋场应接收满足种类和规格要求的垃圾。根据《生活垃圾卫生填埋处理技术规范》（GB 50869—2013）中关于生活垃圾填埋物的有关规定和要求，以下垃圾种类可接收：

1）生活/家庭垃圾，包括家居旧物，来自垃圾收集转运站、教育机构、社区和公共机构的固体垃圾，以及医院的"生活"垃圾。

2）商业垃圾，包括来自办公室、商店和贸易场所的垃圾。

3）市场垃圾，包括来自市场的固体垃圾。

4）街道/公共清洁垃圾，包括市政机构从街道、公共场所和公共清洁作业中收集的固体垃圾。

5）焚化炉灰，包括集中焚烧设施产生的固体炉渣，但不包括危险废物焚烧残渣或其他认定为危险废物的焚烧残渣。

图 3—1　称重流程图

6）淤泥，来自填埋场洗车设施的淤泥。

7）脱水清淤物，主要来自水路和水道维护性清淤。

8）工业垃圾，包括个人生产、加工工作产生的固体垃圾，但不包括中华人民共和国危险废物名录中列出的危险废物，或根据其特征定义为危险废物的垃圾。

9）不适合使用的商品（食品、化妆品、饮料等），包括过期、损坏、受污染和没收的商品，但不包括中华人民共和国危险废物名录中列出的危险废物，或根据其特征定义为危险废物的垃圾。

10）脱水淤泥，即污水和水处理产生的已处理淤泥，包括污水处理厂过滤物和沙砾。已处理淤泥应在其他环节被脱水，以达到65%~85%的固体含量，可以含有以氢氧化物形式存在的金属，应对脱水淤泥进行检查以保证其不属于政府危险废物名录中列出的危险废物。

请注意：任何废物，只要根据其特征可判定为危险废物，或该废物是中华人民共和国《危险废物名录》中规定的危险废物，垃圾填埋场操作人员有权拒绝接收。

（2）非许可垃圾。非许可垃圾包括但不限于下述垃圾，除非在得到上级部门的书面指示、环保局的书面批准、公司总经理正式同意接收后，方可在填埋场内进行填埋：

1）体积庞大的废物，如废弃车辆、容器、大块混凝土等。

2）疏浚废物，不论其污染与否，只要其含水率超过70%。

3）含有大量水分的下水道污泥、水处理设施产生的污泥、工业生产中产生的污泥或残渣，只要其含水率超过 70%。

4）液体含量高的动物或未经处理的非稳定性牲畜废物。

5）屠宰场垃圾，包括屠宰场产生的固体和半固体垃圾。

6）油脂分离器分离出的液体废物。

7）除去二类许可垃圾所规定废物以外的化学废物。

8）放射性物质。

9）粉煤灰，包括粉碎煤时产生的灰渣及煤燃烧后的残渣。

10）气体发电厂废气脱硫工艺产生的残渣。

11）外国船舶产生的生活垃圾或其他废物。

12）医疗废物。

13）科研机构、疗养院、生物制品厂等产生的废弃物。

14）所有危险废物。

15）所有石棉废物，包括石棉复合材料或石棉层合材料、石棉的粉尘以及含松散石棉的粉末和粒子。

16）制药废物，主要包括过期、损坏、被污染和被没收的产品，以及不良品。

17）被石油污染的废物，包括被石油污染的沙、土、吸收剂，以及任何在石油使用过程中被泄漏的石油污染的材料或设备。

18）电脑和电子部件，包括生产后废弃的电脑、电子设备和部件，不包括未加工的化学药品或原材料。

19）环保局和上级部门推荐并同意在此填埋场处理的源于地基建筑工地的可视为化学垃圾的污染土壤。

4. 检验

（1）检查和分类。在进入填埋场地磅房后，将对垃圾进行检查，并按照《生活垃圾卫生填埋处理技术规范》（GB 50869—2013）对垃圾类型进行检验并分类。应在填埋场入口处设置标志，列出允许和不允许入场的垃圾类型，不允许在场内填埋的垃圾将不允许进入填埋场场地进行处理。

垃圾检查步骤包括进口检查和现场检查。

1）进口检查。在离开地磅房设施后，磅桥操作员将对垃圾车辆进行抽样检查。关于对车辆进行抽样检查的方式，不作相关规定，但为了确保符合垃圾处置合约中的详细规定，以及现行的法律和法规，会加大某些垃圾或车辆接受检查的频率。每天检查车辆的数目不可少于进场车辆总数的 5%，那些不符合司机提供的资料以及相关文件内容的垃圾，须接受地磅房操作员、检查员及设施管理人员的额外检查。检验区域为一个比进出车道略高的平台，设在地磅房设施后面，与主场地进出道相邻，故垃圾或车辆的检验将不会延误场地其他垃圾车辆。检验区域平台保证可以在不卸车的情况下即可把车厢掀开，并对其中的成分进行彻底检查。该区域还包括一个硬路面区，在该硬路面区内可以对垃圾车辆进行更为详细的检查。检验区域内应有足够的空间以保证整套设备和机动设备能够卸载被怀疑的车辆，此外还包括一个停车区，用来容纳被扣留的车辆，或者车中垃圾正在接受进一步检查或分析的车辆。检验场地要全部采用铺砌路面。

另外，磅桥操作员认为车内装有值得怀疑的废物，或者垃圾车装载的垃圾与其书面记载的内容不一致时，都要接受检查。

2）现场检查。在垃圾车经过填埋场入口处时，应进行垃圾种类的检验和分类，检验按《生活垃圾卫生填埋处理技术规范》（GB 50869—2013）执行。凡不符合《生活垃圾卫生填埋处理技术规范》中要求的垃圾，不准进入填埋场填埋。

垃圾的检验将按下列程序进行：

①盖住的垃圾应使用合适的器具掀开；密闭的垃圾应卸车，以便用眼进行直观检查。

②当发现一辆垃圾车所装载的垃圾的外观与其书面描述不符时，应将该车的垃圾卸下，并仔细检查，对该车垃圾不能确认的材料进行抽样，并收集样品进行分析。

③所有怀疑装载不符合可适用标准的垃圾的车辆都将向填埋场运营部汇报。

④在倾倒作业区，除调度人员对垃圾倾倒进行检查外，还有督察员做直观检查，确定倾倒的垃圾与其书面说明是否一致，若不一致，垃圾将立刻被重新装车，或者将其与其他垃圾分开直到将其全部转移，该垃圾车将被临时扣留直至问题解决。

⑤关于垃圾检验的记录，检查人员将记录垃圾的外观和气味，所有取样以及对样品所进行的分析和结论均应记录，在倾倒区所做的检查记录也将保留。

⑥所有垃圾车进出磅桥站，以及所有检查、取样、样品分析的结果都将记录并存档保留在现场办公室内，如有需要可随时核对。

⑦在作业计划中包括垃圾检验的详细程序，包括但不限于：

a. 选择其他用户处的受检车辆的程序；

b. 选择需卸车和取样的车辆的程序；

c. 选择需进行分析的样品和需采用的分析方法的程序。

⑧在称重完毕、通过检查地点并经过分类后，调度人员将指引车辆到指定的垃圾

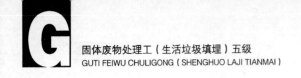
处理区域卸车，垃圾车辆将在工作人员、交通标志或路标的指引下到达指定的区域，包括卸车作业区。

（2）拒收垃圾处理措施。对于接受检查的车辆，因怀疑其携带有非许可垃圾而拒绝其进入场地时，要详细记录其相关资料，并在适当的时限内通知运输方负责人或其指定委托的机构，报告这些车辆并将其引导到一个保管区域，在适当时限内完成以下书面确认：

1）事件日期/时间。

2）车辆详细资料，包括：

①车辆型号；

②账户身份；

③垃圾收集资格证书（如有注册）；

④账户持有公司/所有人姓名；

⑤垃圾来源；

⑥运载或在场区处理非许可垃圾的记录。

3）做出拒绝进场个人指令的营运人员姓名。

4）非许可垃圾类型及数量的评估报告由现场营运人员提供，是判定拒绝入场的依据。

5）可疑垃圾的详细检查报告。

3.1.2 垃圾倾卸

1. 垃圾倾卸前的准备

在废弃物填埋之前，应先将填埋场分成若干区域，再根据计划按区域进行填埋，每个分区可以分成若干单元，每个单元通常为某一作业期（通常一天）的作业量。单元是所有填埋场共有的标准部件，所有入场的固体废弃物在单元或限定区层内摊铺并压实。填埋单元完成后，覆盖塑料薄膜或者 20～30 cm 厚的黏土并压实。分区作业使每个填埋区能在尽可能短的时间内封顶覆盖，使填埋计划有序，各个时期的垃圾分布清楚；单独封闭的分区有利于"雨污分流"，大大减少渗沥液的产生。

图 3—2 表示了一座填埋场简单的分区计划。如果填埋场高度从基底算起超过 9 m，通常在填埋场的部分区域设中间层，中间层设在高于地面 3～4.5 m 的地方，而不是高于基底 3～4.5 m。在这种情况下，这一区域的中间层由 60 cm 黏土和 15 cm 表层土组成。在下层分区填埋完毕，覆盖好中间层后，可以开始使用上面新的填埋区。

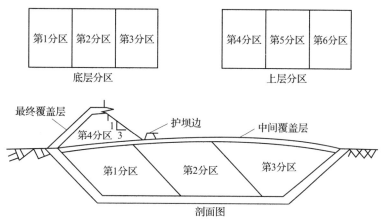

图3—2　单层填埋分区计划图

应当注意，用于铺设中间层的土壤不能用于铺设最终覆盖层，这是因为这些土壤沾染了垃圾，仅可以用于每日覆盖，或填入填埋场内。自然表层土是可以重新用于最终覆盖层的。

在分区计划中，要明确标明填土方向，以防混乱。在已封顶的区域不能设置道路。永久性道路应与分区平行，铺设在填埋场之外，并设支路通向填埋场底部。交通线路应认真规划，使所有垃圾均能卸入最后的单元之内。

2．临时道路的基础要求

在国内有些填埋场，车辆无法直接进入倾卸点，而其处理的垃圾含水率又比较高。高含水率垃圾一旦经作业机械的碾压后，会积为泥浆状表层，成为作业临时道路的潜在威胁，如果吨位较重的垃圾车来回驶过，更会形成坑坑洼洼的不平整面层，对车辆的通行构成很大危险。在无特殊辅助措施的情况下，正确制定建立作业临时道路的计划是解决高含水率的生活垃圾填埋的必要措施。以下是构成作业临时道路的几个方案。

方案1：山地土以三明治方式构筑临时道路

该方法在国内南方城市普遍采用，效果较佳，解决了不少实际问题。关键是路基必须由一层垃圾一层土压实构筑，土和垃圾的比例以3∶1或2∶1为佳。该方案地基承载能力足够大且路基高出路面20～30 cm，车辆通行效果较为理想。

方案2：钢板路基箱焊接构件

钢板路基箱是一种焊接构件，其长度和宽度根据车辆的装载量设计，通常为4 m×1.5 m或6 m×1.5 m，其厚度即骨架采用10#～12#槽钢焊接而成，面板采用花纹防滑板经塞焊、线焊而成，质量为1～1.5 t，以专用工具铺设。临时道路采用该焊接件，主要解决车辆承载能力的问题。例如，以 QD362（装载量 8 t）黄河牌运输车前、后轮载荷分析可知：满载时前轮载荷为 15 t/m²，后轮为 25 t/m²，而垃圾的承载力仅 3~4 t/m²，从理论上计算，车辆直接进入填埋场是不可能的，但若使用 4 m×1.5 m 的钢板路基箱，载荷有明显下降，可解决车辆进入填埋场的问题。铺设钢板路基箱要采用专用夹具夹起钢板路基箱，按先后顺序排列，花纹板面可帮助车辆防滑。目前，钢板路基箱在上海、深圳等地的填埋场普遍使用。另一种设施是防滑模块，使用原理同钢板路基箱一致，但投资要远大于钢板路基箱，国内尚未有实际使用。

方案 3：建筑垃圾构筑临时道路

垃圾填埋场采用建筑垃圾及满载建筑垃圾车辆的碾压，同样成功解决了临时道路问题，特别是在处理高含水率垃圾时，也同样有效。但其构筑原理仍然须满足"三明治式"构筑，且垃圾和建筑垃圾层厚比为 1:2~1:3 左右，才能解决车辆行驶问题。

方案 4：土工格栅、土工格室构造临时道路

利用土工格栅、土工格室和碎石的相互结合构造临时道路，能有效地与粒料相互咬合。当粒料颗粒在这些格栅上进行碾压时，粒料颗粒部分穿入并嵌固于格栅网孔中，形成强而有效的互锁作用，从而可以增强临时道路的承载能力，如图 3—3、图 3—4 所示。

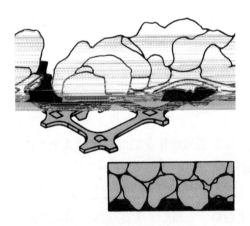

图 3—3　格栅互锁作用示意图

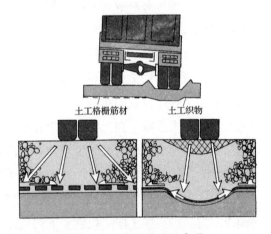

图 3—4　格栅承压示意图

3. 卸料平台的基础要求

垃圾卸料平台构筑与否，与车辆卸料方式有很大关系。一般来说，后推式液压装置车辆可不必设置卸料专用平台，但对后拦板式举升自卸车辆，设计专用卸料平台有很大意义，可有效解决以下几个关键问题：提高车辆卸料时的平稳安全性，因为高含

水率垃圾承载不当，极易造成车辆侧翻，发生安全事故；形成一个固定卸料点，即一定的落差，使举升车辆箱体卸料彻底，利用垃圾倾卸时的惯性，可一次性卸料；保证卸料时后栏板的可靠性，保护车辆后栏板完好，后尾灯装置完好。

为此，填埋场可设置一个钢结构卸料平台。钢结构卸料平台外形尺寸可根据装载车辆的大小、宽度和长短而定。其构成分两部分，前端为有一定倾角的斜坡，后端为长方形平台，高度及坡度视举升或自卸车后栏板接地间隙而定，通常为 0.8 ~ 1 m，侧面与底部连接处可设计为船形结构，以降低移动时的摩擦系数，便于搬迁。平台表面宜采用花纹钢板焊接，以防止车辆上坡道时打滑。平台面层设置低栏杆和止轮坎，以确保倒车和停车安全。平台两侧要设置定位桩，质量在 12 t 左右。平台前后端设置拖钩，以便于推土机拖动移位。该移动式钢结构卸料平台可与临时道路（特别是钢板路基箱）组合成一个临时倾卸点，成为高含水率垃圾卸料时的作业通道。

作业机械设施、人员与装备：

（1）机械设备与设施。装载机 1 台，推土机 1 台，挖掘机 1 台，路基箱搬运夹具 1 套，卸料平台（6 m×12 m）1 个，路基箱（6 m×1.5 m）若干块。

（2）人员。装载机操作工 1 名，挖掘机操作工 1 名，推土机操作工 1 名，现场指挥、调度管理 1 名。

（3）人员劳动防护装备。工作服、鞋、帽、手套、太阳防护镜、雨衣、雨鞋，作业前穿戴好劳动防护用品。

设备作业使用前注意添加油、水、润滑剂，进行常规检查；作业使用完毕后要进行维护保养，关闭门窗，在指定地点停放（冬天低温季节需放水或为冷却水添加防冻剂）。

3.2 摊铺压实

学习目标

熟悉垃圾摊铺压实的程序及注意事项

熟悉垃圾摊铺压实的影响因素

了解垃圾摊铺压实的原则

3.2.1 摊铺

1. 摊铺的定义

摊铺是使作业面不断扩张和向外延伸的一种技术操作方法。垃圾可以沿斜面摊铺并压实，称为斜面作业。这种操作尤其对于多雨地区，有利于减少场区内渗沥水收集量，并防止其在作业区内堆积。斜面作业的优点是比平面作业所用的覆盖料少，减少飞扬物，同时，当机器向上爬坡时要比向下爬坡更容易得到一个比较均匀的垃圾作业支撑面。

2. 摊铺原则

为形成影响最小的填埋点，并取得令人满意的土地恢复标准，一般须遵循下列原则：

除需要倾卸性质不同的废物外，每次应在一个地区的一个工作面上集中处置。将垃圾倒在顶部或侧斜面的下部，应该用带叶片或铲斗的活动机械将其散开成为一层，机械应在其上来回碾压。斜坡与水平面的夹角不应超过30°，用非常沉重（15～30 t）的钢轮压实机在不超过0.5 m厚的层上操作，以达到最佳压实效果。庞大的废弃物应当压碎或击破，以防止形成空洞。为此，可将其推卸到工作面上部。最初的压缩层厚度不应超过2.5 m，工作面应该足够宽，以便即时卸车，不必排队或影响推土机和压实机工作。可建立移动式屏障，以收集随风飘扬的纸张和塑料膜等。每天应铺一层至少15 cm厚的覆盖材料或者塑料薄膜，以确保整洁的外观，防止臭味，防止害虫并盖住苍蝇卵。固体废弃物和覆盖层应表面倾斜，以利于雨水排出。医院、动物等废弃物及变质食品应倾于工作面前边，以使其覆盖得相对深一些，不许倾于水中。

当达到满堆高度时，应加最后一层覆盖物。现今趋向是用防渗衬垫覆盖，夹在排水层间，用土工织物与土壤相隔，在防渗衬垫和排水层上，应铺中间层以便根系发展，再加上表层土。通常底部和侧面的排水结构，以及中间和最后的覆盖层，会明显地减少有用的填埋容量。

3. 作业质量要求

（1）以每层厚1.5 m由下而上布料、推平、压实，填埋作业面坡度为1:100，以卸料堆垛点为顶点呈锥面展开，横向由单元中心至隔堤边坡，纵向至相邻作业面边坡相接处或卸料堆垛中心上端。

（2）布料推平，作业面表面应平整，高低凹凸允差5～10 cm，无积水，边缘成自然坡度。

（3）推土机在 1.5 m 厚的布料层上用履带来回碾压 3 次。

（4）填埋至与道路高度一致时，以 1:30 的坡度向单元中心布料、推平、压实，形成填埋作业终面。

3.2.2 压实

由于填埋场的选择日趋困难，因此，延长现有填埋场的使用年限变为政府部门和每一位经营者十分关注的问题。压实是实现这一目标的有效途径。通过压实，可以延长填埋场使用年限，减少沉降和空隙，减少虫害和蚊蝇的滋生，减少飞扬物，降低废弃物冲走的可能性，减少每天所需的日覆盖土，从而减少挖土工作量，减少渗沥液和填埋气体的迁移，并提供一个密实的垃圾作业面。

"摊铺、压实"是城市生活垃圾卫生填埋作业中一道重要工序。通过实施压实作业工艺，可增加填埋场的填埋量，延长作业单元区及整个填埋场的使用年限，减少垃圾空隙率，有利于形成厌氧环境，减少渗入垃圾的降水量及蝇、蛆的滋生，有利于运输车辆进入作业区及土地资源的开发利用。

1．压实的影响因素

垃圾层厚是影响压实的关键因素，为了得到最佳的压实密度，废弃物摊铺层厚一般不能超过 6 m。压实遍数是影响密实度的另一关键因素，"通过遍数"通常被定义为压实机在一个方向通过垃圾层的次数，无论何种类型的压实机，最好应该通过 2~3次，多于 3 次，压实密度变化不大，而且在经济上也不合理。坡度应当保持缓坡，一般为 1:4 或更小些，一个标准的坡面可以获得更好的压实效果。对垃圾进行破碎也有利于压实，同时，垃圾破碎后降解速度会加快，从而加速其稳定化进程。

2．压实作业操作规程

（1）作业人员：压实机工 1 名。

（2）机械设备：压实机 1 台。

（3）作业过程与要求：

1）作业过程：在推土机推铺成 0.9~1.2 m 厚的垃圾堆层后，压实机来回碾压两次，每次碾压轨迹覆盖上次的 1/2。

2）作业要求：垃圾的压实密度应大于 0.8 t/m³。

3）补充规定：当压实机待修或在保养期间时，应按以下规定执行压实作业工艺：220 型推土机来回碾压 6 遍，轨迹重叠率 75%，以代替压实机碾压的功效。（依据上海市建委"八五"攻关项目——《垃圾卫生填埋场研究》中关于"推铺、压实"的试验

结果，推土机的压实效果相当于压实机的 1/3。）

3.2.3　护坡

1. 边坡结构

边坡由边坡覆盖黏土层、渗沥液收集导渗层、防渗层、土工保护膜、三维网、种植土和植被构成。

（1）黏土层：填埋过程中表层覆盖土层，填埋过程中形成整体造坡，控制坡度为 1∶3。

（2）防渗层：使用 GCL 膜作为防渗层，可以达到建设部标准规定的防渗性能指标要求。材料本身有较好的柔性，可以更好地适应填埋场垃圾堆体可能发生的整体或局部沉降。材料本身具有破损自我修复性能，可以在 GCL 膜上下各铺设一层土工布，对 GCL 膜进行更有效的保护。防渗膜既可以防止渗沥液外渗出填埋堆体，又可以防止雨水进入填埋堆体。

（3）三维网和植被层：植被土层由防渗层最外侧起固定作用的三维网和种植土构成，三维网的作用主要是用来固结稳定表层覆土，防止土层滑落和水土流失。考虑种植草及低矮灌木需要，植被种植泥土层厚度不少于 60 cm，其中营养土层不少于 20 cm。

2. 护坡的功能

填埋作业时，堆体外表总坡度控制为 1∶3。护坡能促进雨季降雨时的雨污分流，防止填埋作业区的污水污染表层清水，防止填埋区的垃圾散落到填埋区以外，同时还为覆盖垃圾堆体边坡准备了部分覆盖材料，便于边坡的形成。

3.3　覆盖

学习目标

了解覆盖程序的概念及要求
掌握覆盖程序的操作规程

3.3.1　日覆盖

1. 概念

所谓日覆盖，就是将当前的作业区域进行临时性的覆盖，日覆盖在每日作业结束后铺设，在次日作业前撤掉。日覆盖可以减少填埋场对周围环境的污染，同时可使部分未被污染的雨水外排，减少渗沥液的产生量。

2．日覆盖的一般要求

（1）每日覆盖前要把垃圾直接压实，保证堆体表面平坦，同时注意边坡处覆盖过渡或衔接自然。

（2）控制每个作业面在一天作业结束时及时覆盖，作业区域内的垃圾裸露面不得超过 24 h。

（3）控制堆体表面锋利物、尖锐物，防止刺穿覆盖膜。

（4）根据作业面大小控制覆盖膜面积，减少覆盖搭接缝，日覆盖时搭接的宽度宜为 0.2 m 左右，覆盖方向应按坡度顺水搭接（即上坡压下坡）。

（5）覆盖膜长边宜顺着堆体坡度。

3．作业规程

（1）每日作业结束后，视暴露面的大小准备覆盖膜若干。

（2）日覆盖时应从当日作业面最远处的垃圾堆体逐渐向卸料平台靠近。

（3）日覆盖时搭接的宽度宜为 0.2 m 左右，覆盖方向应按坡度顺水搭接（即上坡压下坡）。

（4）覆盖时要保质保量，覆盖到垃圾底部，覆盖膜应平直整齐，覆盖膜上须压放整齐、稳固的压膜材料。

3.3.2　中间覆盖

1．概念及一般要求

中间覆盖也叫适时覆盖，与每日覆盖有着同样的作用，但也有垃圾暴露时间延长的缺点。适时覆盖也可用于运输通道的临时表面。

覆盖之前应对垃圾进行推平、铺匀和碾压。垃圾运进场后，按预先划好的区、块卸下，用推土机推平摊铺均匀，每次堆置推平后的垃圾层厚度为 0.6~0.7 m，再用压实机械或履带式推土机反复碾压，压实密度要求不小于 0.8 t/m³。然后按此程序在上面填埋第二层、第三层……在垃圾填埋层厚度达 2.0~2.5 m 后，立即覆盖塑料薄膜或者 0.3 m 厚的黏土，并予以压实。

中间覆盖一般采用泥土覆盖或 HDPE 膜（1.5 mm）覆盖。

2．泥土覆盖操作规程

（1）作业机械、人员与装备

1）作业机械与设施。挖掘机 1 台，自卸货车 2 辆，装载机 1 辆，推土机 1 台，钢板路基箱若干块，钢板路基箱搬运夹具 1 套。

2）人员。挖掘机操作工 1 名，货车司机 2 名，装载机操作工 1 名，推土机操作工 1 名。

3）人员劳动防护装备。工作服、鞋、帽、太阳防护镜、手套。

设备作业使用前按设备使用管理规定添加油、水、润滑剂，进行常规检查；作业使用完毕后进行维护保养，关闭门窗，在指定地点停放（冬天低温季节需放水或向冷却水添加防冻剂）。

（2）土源准备。在土源挖取地挖土作业，并运输土源。若挖土地域水湿，货车无法进出，则必须铺设钢板路基箱形成临时道路。具体操作规程如下：

1）装载机装载路基箱夹具，夹运钢板路基箱至铺设地点，卸下。

2）挖掘机配合将路基箱铺设就位，铺设前路基箱道路路基必须平整，路基箱铺设应平整。

3）挖掘机挖土作业应按设备安全使用操作规定进行。

4）挖掘机向货车装土时，货车司机不应停留在驾驶室内。

5）货车泥土装载结束后，安全运输至覆盖备用土源卸料点倾卸。

6）如填埋场无取土地方，则需进行外购土，在填埋场堆土区储备。

（3）泥土覆盖作业

1）挖掘机将备用土源装载于运输货车。

2）运输货车将泥土运输至填埋覆盖区卸下；若货车进入填埋覆盖区出现轮胎打滑、陷车，则应铺设路基箱道路。

3）推土机将货车卸下的土源均匀摊铺在单元垃圾填埋终层，若有土块黏结，应用推土机履带碾压后再摊铺，摊铺土层厚 30 cm，覆盖层平整（高低凹凸不大于 5～10 cm），然后由推土机履带来回三次，将覆盖土层普遍压实一遍。

（4）作业质量要求

1）泥土覆盖层厚为 30 cm。

2）覆盖层表面平整，高低凹凸不大于 5～10 cm。

3）压实由推土机履带来回三次，将覆盖层普遍碾压一遍。

3. 膜覆盖操作规程

（1）覆盖前的准备工作。填埋区应及时形成垃圾堆体，表面应整平、压实，无明显坑洼，周围排水沟及时开挖。在形成 2.0～2.5 m 高的垃圾堆体后，移交中间覆盖。

（2）HDPE 膜覆盖操作规程

1）覆盖作业人员、设备、物资配备

①作业人员：若干名。

②设备：焊接机 1 台，灭火器 1 只，抹布 1 块，刀片 1 把，尼龙绳及压膜块若干。

③HDPE 膜：用量视暴露面积而定。

2）作业范围：需覆盖区域。

3）铺设 HDPE 膜的工艺技术规范

①铺设焊接工艺。将 HDPE 膜按一定长度进行分割（以操作方便为宜）。膜的铺设要按一定方向进行，两块覆盖膜的结合点处应有 10 cm 左右重叠，保证可依次不断铺设、焊接，确保紧密。

②铺设时注意事项。排水沟铺设 HDPE 膜时，应贴合沟的形状，以利排水。铺设时应避免硬物扎破 HDPE 膜。隔堤四周 HDPE 膜可用泥土压牢，也可用挖掘机在垃圾顶面开挖一条沟槽，HDPE 膜一边放入沟槽内，再用垃圾回填。有漏洞的地方用焊接机补焊好，HDPE 膜上用压块加固。

③铺设后注意事项。应尽量避免人员在 HDPE 膜上行走，防止覆盖膜的损坏。撤掉 HDPE 膜后，应避免新鲜垃圾在上面倾倒，同时应尽快进行泥土覆盖。

3.3.3 最终覆盖

1. 目的和意义

封场的区域要进行最终覆盖。最终覆盖的厚度一般不小于 60 cm，此外覆盖料和压实厚度都必须遵守设计和作业计划。为减少土壤的渗透性，除上面的覆盖厚度外，所有的覆盖土都需压实。最终覆盖层上面可以加些表土，在覆盖的同时进行播种，提高肥力和调节 pH 值。用作最终覆盖的土壤不能太湿或冰冻。为便于建立保持平坦表面所要求的坡度，应在场地封闭后节约土壤。封闭也要分阶段进行，以便一旦最终覆盖完成后，再不允许在封场的区域上行驶车辆。

一个基本的最终覆盖设计至少包括两层：表土层和水文层，一般可取 60 cm 表土层和 20 cm 的水文层。这些设计对那些蒸发快、降雨又少的地区是可以采纳的，在其他气候下以及需要更多保护的地区，如气候比较潮湿的地区，可能要求增加其他防渗层来补充。为了防止雨水向下渗透，覆盖一定要设计得使大部分雨水能流走。这可以通过修建 1% 或 2% 坡度的覆盖层而达到目的，这个倾斜度促使积留的水能流走，同时又减少水土流失，此外还可以通过建立植被来减少水土流失，而植被又会促进土壤水分蒸发，因而坡度和植被对覆盖起着重要的作用。

2．覆盖材料

覆盖材料的用量与垃圾填埋量的关系，视填埋场运营情况而定，一般而言，覆盖材料的用量占比重越小，填埋场运营水平相对越高。

覆盖材料的来源包括自然土、工业渣土、建筑弃土和降解稳定的填埋垃圾等。几种覆盖材料的性能见表3—1，几种类型的覆盖土的渗透系数见表3—2。

表3—1 几种覆盖材料的性能表

土壤性能	纯砾石	黏质多的淤泥和砾石	纯沙子	黏质多的淤泥和沙子	淤泥	黏土	稳定化垃圾
阻止啮齿类动物钻口打洞	良	中~良	良	良	差	差	差
将渗沥液减少到最低限度	差	中~良	差	良	良	优	差
减少填埋气向外扩散	差	中~良	差	良~优	良~优	优	中
阻拦废纸乱飞	优	优	优	优	优	优	中
保证植物生长	差	良	差~中	优	良~优	中~良	良
透气性	优	差	良	差	差	差	优
防止蚊蝇滋生	差	中	差	良	良	优	良

表3—2 几种类型的覆盖土壤的渗透系数

名称	渗透系数（cm/s）	名称	渗透系数（cm/s）
致密黏土	$<10^{-7}$	粉砂、细砂	$10^{-3} \sim 10^{-4}$
亚黏土	$10^{-6} \sim 10^{-7}$	中砂	$10^{-1} \sim 10^{-3}$
轻亚黏土	$10^{-4} \sim 10^{-6}$	粗砂	$10^{-2} \sim 10^{-1}$
裂隙黏土		砾石	

自然土是最常用的覆盖材料，它的渗透系数小，能有效地阻止渗沥液和填埋气扩散，但也存在着大量取土而导致的占地和破坏植被问题。工业渣土和建筑弃土作为覆

盖材料,不仅能解决自然土取用问题,而且能为废弃渣土的处理提供出路。稳定垃圾筛分的细小颗粒作为覆盖土,也能有效地延长填埋场的使用年限,增加填埋容量,因此,稳定垃圾经改良后可作为垃圾填埋覆盖材料的来源。

3．基本要求

在设计最终覆盖系统的时候,可以参考流程图,它提供了覆盖层结构、设计要素、设计方法等相关信息和指导。最终覆盖层的设计应当从查阅国家和地方相关的法规和标准入手,以了解覆盖系统所要求和允许的最小厚度,同时还应当收集和分析气候、可获得的土壤材料、垃圾特性、地震活跃情况等场址特征,以便为确定合适的覆盖材料提供帮助。评价和选择覆盖系统的组成时,应当考虑填埋场封场后的活动计划,填埋场封场后可能会开发建设成为一个公园,或者只是简单地进行景观设计,因而最终覆盖层的厚度和各层的特性也不一样。最终覆盖的每一层和整体的结构都应当满足有关设计标准的要求。

植物根系是覆盖层破坏的主要原因之一,因此,选择合适的植物种类非常重要,应当避免竹子、银杏、柳树、白杨等根系穿透力强的树种。

覆盖层表面的不均匀沉降是各种垃圾成分混杂造成的,垃圾卸入填埋场之后,应当铺设均匀并紧密压实,才能尽量避免不均匀沉降。

覆盖材料应当具有一定的可塑性以便能承受较大的变形。

填埋到最终顶面标高时,覆盖封顶的黏土厚 0.5~0.7 m,再加 0.2~0.3 m 厚的耕植土,并形成中间高四面低的坡状,压实后进行绿化。

在覆盖过程中,覆盖材料的选择对保持卫生填埋的外观完整是必不可少的,另一个重要的作用是控制气体和液体的迁移。因此,在选址时应充分考虑填埋覆盖材料的来源和数量,如果能在填埋场就近取土,则比较理想。具体操作同中间覆盖。

3.4 除臭灭蝇

学习目标

熟悉垃圾填埋场臭气的来源及主要成分

掌握除臭方法

3.4.1　除臭工艺

1. 臭气的产生（来源）

近年来，随着我国社会和经济的发展，各地对城市生活垃圾的处理日益重视，垃圾收集站、中转站、焚烧厂、堆肥厂、填埋场、粪便预处理厂等环境卫生工程纷纷上马，但在固体废弃物集中收集或处理的同时，也将其产生的污染集中起来，垃圾或粪便产生的臭气就是其中重要的一项。随着人们生活水平的提高，对环境的要求也越来越高，如果不解决好环境卫生设施的臭气治理问题，势必给环境卫生设施的规划选址、建设和运行管理带来很多麻烦，从而制约环境卫生设施的发展。

生活垃圾的填埋过程包括生活垃圾的运输、填埋场的卸料、推铺、压实和长期的降解等过程，恶臭污染主要是垃圾中的有机成分在化学和生物降解作用下产生的，其中污染严重的包括以下3个过程：

（1）生活垃圾倾卸区：上海市生活垃圾目前采用集装箱密闭化运输，在生活垃圾中转站，将生活垃圾压缩至集装箱内，由配套车辆将集装箱运输至生活垃圾填埋场作业单元。生活垃圾在集装箱内的停留时间为 12～24 h，在卸料点，大量的渗沥液首先流出，伴随着高浓度的恶臭气体向外散发，直至整箱垃圾倾倒结束，瞬间的恶臭释放浓度较高。

（2）生活垃圾摊铺、压实过程：卸料结束后，推土机等工程机械将倾倒的垃圾进行摊铺、压实，然后来回碾压 3～4 次，推平过程相当于倾倒垃圾的翻倒过程，进一步加剧了恶臭气体的释放。

（3）生活垃圾降解过程：生活垃圾在填埋场的稳定过程是一个长期的过程，往往需要十几年乃至几十年的长期降解，降解产生的填埋气体逸散至垃圾表层，一部分由填埋气体收集管道进行收集，另一部分直接穿过垃圾表层散发到大气中，成为填埋场垃圾稳定过程中的主要恶臭污染来源。

2. 臭气的主要成分

垃圾中含有大量的蛋白质和脂肪，在厌氧分解过程中会产生多种恶臭物质，主要有氨、硫化氢、甲硫醇、甲基硫、三甲胺、二硫甲基、乙醛、苯乙烯等。在考虑脱臭措施时，上述物质中一般前 4 种成分为主要对象，其他物质所引起的臭味不大。这 4 种物质中，甲硫醇和甲基硫的嗅阈值较低，臭味最大。而填埋系统中的臭气主要产生于垃圾暴露面和渗沥液调节池。

3．臭气控制要求

生活垃圾填埋场运行期内，应定期根据场地和气象情况随时进行防蚊蝇、灭鼠和除臭工作。其中，甲烷排放的控制要求为，填埋工作面上 2 m 以下高度范围内甲烷的体积百分比应不大于 0.1%。生活垃圾填埋场应采取甲烷减排措施；当通过导气管道直接排放填埋气体时，导气管排放口的甲烷的体积百分比不大于 5%。生活垃圾填埋场在运行中应采取必要的措施防止恶臭物质的扩散。在生活垃圾填埋场周围环境敏感点方位的厂界，恶臭污染物浓度应符合《恶臭污染物排放标准》（GB 14554—1993）的规定。

根据国家标准 GB 14554，恶臭污染物厂界标准值见表 3—3。

表 3—3　　　　　　　　　　　恶臭污染物厂界标准值

序号	控制项目	单位	一级	二级		三级	
				新扩改建	现有	新扩改建	现有
1	氨	mg/m^3	1.0	1.5	2.0	4.0	5.0
2	三甲胺	mg/m^3	0.05	0.08	0.15	0.45	0.80
3	硫化氢	mg/m^3	0.03	0.06	0.10	0.32	0.60
4	甲硫醇	mg/m^3	0.004	0.007	0.010	0.020	0.035
5	甲硫醚	mg/m^3	0.03	0.07	0.15	0.55	1.10
6	二甲二硫	mg/m^3	0.03	0.06	0.13	0.42	0.71
7	二硫化碳	mg/m^3	2.0	3.0	5.0	8.0	10
8	苯乙烯	mg/m^3	3.0	5.0	7.0	14	19
9	臭气浓度	无量纲	10	20	30	60	70

4．填埋场常用的除臭方法

臭气治理可以采用物理法、化学法、生物法等多种技术，具体包括气洗法、吸附法、直接燃烧法、催化氧化法、化学氧化法、掩蔽法、中和法、生物处理法、换气法等。

脱臭的原理是除去有臭味的成分，或用反应把它转化为无臭物质。目前采用的脱臭方法较多，现就主要的臭气治理方法分述如下：

（1）气洗法。气洗法是指将排气管的臭气通入海水或酸、碱等水溶液中进行吸收。

在洗气塔中进行气洗时，可采用填充塔、喷洒塔、气泡塔、流动层式吸收塔等方式。

（2）吸附法。该法将臭气送入对气体具有强吸附能力的物质，如活性炭、硅胶及活性黏土，臭气成分可被吸附去除。应根据臭气类型选择适宜的吸附剂。在活性炭吸附法中，最好进行预处理，将待吸附气体中的灰尘、水分、油及焦油类物质去除，进入吸附系统的粉尘浓度宜低于 20 mg/m³，相对湿度宜低于 96%，温度宜低于 150℃。近年来，活性炭纤维（ACF）由于吸附性能优于活性炭颗粒而得到较多应用。

（3）直接燃烧法。该法将臭气送入锅炉燃烧室、燃烧炉等设备燃烧可燃成分，但必须在高于 800℃的高温时才能完全燃烧臭气成分。

（4）催化氧化法。当可燃成分浓度低或排气温度低时，可利用催化剂（如铂、钯）在 250～350℃下对臭气成分进行氧化和分解。触媒脱臭气装置是把臭气加热到 200～400℃，使其通过触媒层并发生氧化反应，把臭气分解为无臭无害气体，适用于链状烷烃类、萘烷类、烯烃类、芳香族类、醛类、酮类、胺类、有机酸类及脂类，特点是设备体积小、质量轻。

（5）化学氧化法。该法使用氯、次氯酸钙、二氧化氯、臭氧等氧化剂，利用它们的氧化作用，使其与臭气中的致臭物质（如硫化氢、甲醛、有机胺、苯乙烯、硫醇、硫醚等）发生化学反应，改变致臭物质的化学特性和物理形态，从而达到脱臭的目的。目前，人们发明了应用活性氧技术将空气中的氧分子电离成正负离子，通过通风管道散发到臭气散发点（类似空气清新器）来去除臭味的方法，该装置的优点是占地面积很小。

（6）掩蔽法和中和法。掩蔽法用比待处理臭气成分气味更强的芳香剂作为掩蔽剂。对臭气有掩蔽作用的物质有乙硫醇桉树油、甲基吲哚香豆素、樟脑香水等。除了评价掩蔽剂的效果外，考虑掩蔽剂与待处理臭气的相溶性也是至关重要的。而中和法降低总臭气浓度的原理是，中和剂对臭气成分的反应及吸附均有一定效果。

（7）生物处理法。生物处理法是指用微生物将臭味物质转化成为无臭无害的化合物。传统生物处理法采用土壤、堆肥或碎木屑作为滤料，臭气经风机加压，进入气体调节塔增湿除尘，再经生物过滤器净化后，由地面直接排放，必要时可覆盖后通过排气筒排放。传统生物处理法的生物过滤器生物活性高，净化效果好，系统运行稳定，操作管理方便，但占地面积相对较大。据报道，采用 1.5～2 m 高的熟化肥料作为臭气处理的滤料，其负荷可达 50 m³/（m²·h）左右，气体过滤后除臭效果达 90% 以上；当采用优质的碎木屑、碎枝干等填料，顶部用保湿层覆盖，其负荷可达 100～250 m³/（m²·h）。

3.4.2 灭蝇工艺

1. 填埋场苍蝇的生长规律和危害

生活垃圾填埋场内的苍蝇主要分布在填埋库区及周围，影响范围在 500 m 以内。主要蝇种是家蝇，占所有蝇类的 80% ~ 90%，家蝇主要包括舍蝇（约占家蝇的 80%）和市蝇（约占家蝇的 20%）两种，除家蝇外的其他蝇种还包括金蝇、绿蝇、麻蝇等。

苍蝇食性杂，以碳水化合物为主。生活垃圾填埋场为苍蝇的繁殖提供大量的食料，因此苍蝇的繁殖速度快。家蝇的生长发育期包括卵→蛆→蛹→成虫四个阶段，整个生长周期仅 12 ~ 15 天，夏天仅为 10 天。其中卵经 12 ~ 14 h 化成蛆，蛆经 5 ~ 7 天化成蛹，蛹经 3 ~ 5 天即可羽化成蝇。每个时期的形态不同，需要的生活条件和栖息场所也不同。家蝇繁殖力极强，在亚热带与温带地区，一年内每只雌蝇繁殖总数将达到 2×10^{20}（2 万亿亿只）。家蝇喜欢温暖的环境和自由活动，善于飞翔，通常每小时可飞行 6 ~ 8 km。家蝇的生长发育受温度、湿度及营养等因素的影响，其中以温度影响最为显著。环境温度对虫期的生长发育也有明显影响，空气流通则有利于家蝇的幼虫生长。每年 5 ~ 10 月是最佳繁殖季节，6 ~ 7 月苍蝇的数量形成一个高峰期，12 月至次年 3 月苍蝇较为稀少。

苍蝇作为"四害"之一，自古以来为人所憎恶。特别是家蝇，在人类活动的几乎所有地方，均可看见它的踪影，在垃圾填埋场，若措施不当，填埋场就极易成为苍蝇活动的"大本营"，大量滋生，漫天飞舞。由于觅食和栖息场所的影响，苍蝇身上携带了大量有害细菌和病毒，且有边食边拉的习惯，成了恶名昭著的疾病传播者，不仅严重威胁填埋场职工的身心健康，且极易影响填埋场的周边地区；若苍蝇停留在交通工具上，则可作更远距离的"旅行"；大量苍蝇在填埋场滋生，还易招引飞禽，造成污染的扩散。

2. 卫生填埋场苍蝇密度的控制要求

喷药灭蝇作业质量要求见表3—4。

表3—4　　　　　　　　　　喷药灭蝇作业质量要求

区域蝇密度	填埋场（平均值）	生活区（平均值）
在可视范围内每次目视	≤3 只	≤2 只

3. 主要控制方法

首先是保证卫生填埋工艺的执行，即每天进行垃圾压实和泥土覆盖，这能有效控制苍蝇的滋生。对垃圾暴露面上的苍蝇，一般采用药物喷雾或烟雾灭杀，还可用苍蝇引诱药物诱杀。目前在很多填埋场利用 HDPE 膜日覆盖的措施来控制苍蝇，已取得了成功，且可防止药物造成的环境污染，是今后非药物灭蝇的发展方向。同时在填埋场种植驱蝇植物，也是有效控制苍蝇密度的方法。在填埋场生活区，室外可采用低毒低残留药物喷雾和诱杀剂杀灭，还可用捕蝇笼诱捕，室内可采用粘蝇纸，悬挂毒蝇绳，或在玻璃窗上涂抹灭蝇药物等。

（1）化学防治法（药物灭蝇）

1）喷雾灭蝇。按照喷雾剂中有效成分的浓度，可以直接施用，或加入适合的溶剂稀释后施用，这些溶剂可以是有机溶剂，如植物油或石油衍生物类，也可以是水，但此时配方中必须加乳化剂。

2）烟雾灭蝇。烟雾灭蝇是把研制的烟雾剂通过专门的器械进行气化产生热烟雾，并弥漫到苍蝇活动的各个角落，与苍蝇接触后起到杀灭苍蝇、蝇蛆的作用。烟雾灭蝇技术主要运用于较密闭的苍蝇栖息场所。

3）颗粒药剂灭蝇。将药剂投入敞开式容器内，置于苍蝇活动较为频繁的场所，利用颗粒剂中的引诱成分来吸引苍蝇叮吃，从而达到杀灭的目的。

（2）物理防治法。喷洒药物的灭蝇方法有见效快的特点，然而长期使用势必会造成一定的不良后果，对周围环境和处置场的土地再利用都会带来隐患，同时要投入大量的人力和物力，而且需适时更换药物以防止苍蝇对药物产生抗性，从而保持药物灭蝇的效果。因此采用非药物灭蝇的方法，可以达到杀灭苍蝇、降低蝇密度，又不对周围环境造成污染的目的。

1）覆盖防治法。及时、规范覆盖填埋场裸露垃圾，不仅能控制苍蝇的滋生繁殖区域、蝇密度及其他害虫的滋生，同时也能抑制臭气的散发。覆盖法是一种非常有效的控制蝇密度的方法。

2）压实防治法。由于上海市生活垃圾含水率较高，可利用推土机或压实机在垃圾表层进行来回碾压，直至表层呈现出浆糊状，待表层经过自然晾晒后便能形成一层均匀、密闭的泥浆土，也能起到抑制苍蝇滋生的作用。

3）诱捕法。诱捕法是一种常见的方法，在苍蝇栖息场所放置捕蝇笼，蝇笼的下端放些诱饵，使蝇飞进笼后无法逃出，具有一定的效果。

4）电击法。电击法是引诱苍蝇飞进诱捕区域受到高压电击，从而达到杀灭苍蝇的效果。

5）植物驱蝇法。在填埋完毕的区域和填埋场的周围地区种植一系列能吸引或散发出令苍蝇不愉快的气味的植物，如杜仲、苦莲子等树类，这些树生长过程中不招惹飞虫，再种植一些草本植物（如薄荷、莉芥等），使苍蝇在堆场的分布相对集中，既能防止填埋场苍蝇对周边环境造成影响，又给灭蝇工作带来益处。

4．喷药灭蝇基本操作规程

（1）作业机具、人员与装备

1）作业机具：弥雾型喷雾机若干台。

2）装水车一辆。

3）人员：喷药工若干名。

4）装备：防毒口罩、工作服、鞋、帽、涂塑手套、涂塑围裙、防护镜、雨衣、雨鞋（消防雨鞋）。

（2）操作规程

1）作业前穿戴好工作服、鞋、帽、手套、围裙、口罩等。灭蝇喷药前必须对填埋场苍蝇栖息活动情况进行调查研究，制订作业计划。喷药机应加注油料，检查发动机械并确保其正常，药桶、管道、接头等处应无渗漏（如有渗漏必须修理）。

2）水箱装水并运输至喷药点，车辆必须紧靠路边停靠，在路边配制药液，并注意道路来往车辆。

3）喷洒现场药液配制。药液配制操作必须面向下风，戴好涂塑手套，按药液配制要求和配比，先将部分所需清水注入药箱，再将配作药液所需的杀虫剂加注入药箱，最后加入还需加入的清水量，旋紧药箱盖，擦拭靠背垫上的沾染药液。

用市售杀虫剂配制一定浓度含量的药液，所需药量的计算公式为：

$$L = \frac{PK}{E}$$

式中　L——配制所需加入的杀虫剂药量，mL；

　　　P——要求配制药液的药物浓度；

　　　K——要求配制的药液容量，mL；

　　　E——市售杀虫剂药物浓度。

例如：要求配制 10 L 1% 浓度的敌敌畏杀虫药液，市售敌敌畏杀虫剂浓度为 80%。按公式计算：

$P = 1\% = 0.01$，$K = 10$ L $= 10\ 000$ mL，$E = 80\% = 0.8$，代入公式：

$$L = \frac{0.01 \times 10\ 000}{0.8} = \frac{100}{0.8} = 125\ \text{mL}$$

4）药物喷洒灭蝇作业

①背负喷药机至喷洒作业点，观察风向、喷洒地域地形、苍蝇密度与栖息飞翔情况及是否有人员活动等。由下风向侧身手持喷药管，管口微向上斜，边喷洒边向上风向方向行进，如图3—5所示，使药雾均匀覆盖杀灭区域内苍蝇，让苍蝇最大限度地触及药雾中毒，达到最佳杀灭效果。

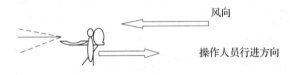

图3—5 灭蝇喷药作业示意图

②作业行进中必须注意地面高低、凹凸等情况，谨防摔倒、绊脚。药物沾染皮肤的紧急处理方法：尽快用清水冲洗，并用肥皂擦洗，情况严重的，必须紧急赴医院诊治。

③药物灭蝇喷洒的作业时间、频率与所使用的药物，应随季节、气候、气温、苍蝇密度等情况的变化而变化。

2月下旬~4月上旬，消灭越冬苍蝇，晴天时，中午或午后在越冬苍蝇发现地段喷洒菊酯类、有机磷药物，3月中旬前每周一次，4月上旬前每周二次，每次喷药务必周到全面。

4月中旬~5月下旬，春末夏初喷洒控制繁殖苍蝇，在苍蝇繁殖地段重点喷洒，其余区域作为控制性喷洒，喷洒菊酯类药物，喷洒频率为每周三次，每次周到、全面，下午3点后进行喷洒。

6月上旬~9月下旬，夏季苍蝇杀灭期，一般每日一次（早晨或黄昏），若蝇密度较高则可以早晚两次，使用有机磷药物喷洒。

梅雨季节是苍蝇的爆发繁殖高峰期，必须充分利用雨隙时间喷药灭蝇，防止苍蝇大量繁殖后难于控制。

④每批药物使用前须经药效试验。捕蝇笼诱捕苍蝇可用不同配比的药液喷杀并观其药效，最终使用最佳配比进行操作。喷药后的捕蝇笼须用洗衣液浸泡2 h后用清水冲净，晾干待用。

5）喷洒作业结束后，按喷药机使用要求，做好日常维护保养工作，并填写记录。

药物喷洒 20 min 后，进行喷药后苍蝇密度目测自检。检测方法：填埋区选若干点，每个点目视三个方向，测其平均值，各点平均值为填埋区作业后蝇密度；填埋场道路选若干点，检测方法同上；卸料平台选两个点，一个在卸料口，一个在平台进口，检测方法同上；办公室及其他区域选若干点，检测方法同上。

6）喷洒作业结束后，冲洗药械器具，冲洗水、空药瓶、废药液只能倾倒于垃圾填埋表面。

7）喷洒作业完成后，填写作业质量记录（即蝇密度自检，于自检后填写），并妥善保存。

8）若喷药后蝇密度自检不符合灭蝇作业质量要求，则必须寻找原因，并报质保员，按不合格程序控制。

9）每日作业后，穿戴的衣服、口罩等直接接触皮肤的衣物都不得重复使用，经洗净后才能继续穿戴。

10）作业期间不得饮食、抽烟。

（3）喷药灭蝇作业质量要求：严格执行操作规范，确保完成质量控制目标，达到填埋场灭蝇标准（蝇密度≤10 只/笼·日）。

3.5　填埋场排水

学习目标

熟悉垃圾卫生填埋场地下水及渗沥液的收集导排
熟悉雨污分流的操作规程和意义

3.5.1　地下水的收集导排

1.　地下水收集系统的基础设置

生活垃圾填埋场填埋区基础层底部应与地下水年最高水位保持 1 m 以上的距离。当生活垃圾填埋场填埋区基础层底部与地下水年最高水位距离不足 1 m 时，应设置独立的地下水导排系统。地下水导排系统应确保填埋场在运行期、后期维护与管理期内，地下水水位维持在距离填埋场填埋区基础层底部 1 m 以下，防止地下水对地基和防渗系统产生不良影响，其排水能力应与地下水产生量相匹配。

当地下水水位较高并对场底基础层的稳定性产生危害，或者垃圾填埋场周边地表水下渗对四周边坡基础层产生危害时，必须设置地下水收集导排系统。

2．地下水的导排计划

（1）地下水收集导排系统的设计要求

1）能及时有效收集导排地下水和下渗地表水。

2）具有防淤堵能力。

3）地下水收集导排系统顶部距防渗系统基础层底部距离不得小于 1 000 mm。

4）保证地下水收集导排系统的长期可靠性。

（2）地下水收集导排系统宜选用的形式

1）地下盲沟：应确定合理的盲沟尺寸、间距和埋深。

2）碎石导流层：碎石层上、下宜铺设反滤层，以防止淤堵；碎石层厚度不应小于 300 mm。

3）土工复合排水网导流层：应根据地下水的渗流量，选择相应的土工复合排水网，用于地下水导排的土工复合排水网应具有相当的抗拉强度和抗压强度。

若通过工程地质勘探，得知地下水潜水位高于填埋区底部标高，则在施工期间以及运营早期阶段，在大量垃圾被填埋之前，应控制地下水位，避免地下水与防渗系统接触，这一点十分关键。

3.5.2　渗沥液的收集导排

1．渗沥液的产生和影响

垃圾渗沥液是指来源于垃圾本身含有的水分、进入填埋场的雨雪水及其他水分，扣除垃圾、覆土层的饱和持水量，并经历垃圾层和覆土层而形成的一种高浓度废水，还有堆积的准备用于焚烧的垃圾渗漏出的水分。

垃圾渗沥液是垃圾在堆放和填埋过程中，由于发酵、雨水冲刷和地表水、地下水浸泡而渗沥出来的污水。来源主要有四个方面：垃圾自身含水，垃圾生化反应产生的水，地下潜水的反渗，以及大气降水，其中大气降水具有集中性、短时性和反复性，占渗沥液总量的大部分。渗沥液是一种成分复杂的高浓度有机废水，其性质取决于垃圾成分、垃圾的粒径、压实程度、现场的气候、水文条件和填埋时间等因素，一般来说有以下特点：

（1）水质复杂，危害性大。有研究表明：运用 GC – MS 联用技术对垃圾渗沥液中有机污染物成分进行分析，共检测出主要有机污染物 63 种，可信度在 60% 以上的有 34 种。其中，烷烯烃 6 种，羧酸类 19 种，酯类 5 种，醇、酚类 10 种，醛、酮类 10 种，酰胺类 7 种，芳烃类 1 种，其他 5 种。其中，已被确认为致癌物的 1 种，促癌物、辅致癌物 4 种，致突变物 1 种，被列入我国环境优先污染物"黑名单"的有 6 种。

（2）COD_{cr} 和 BOD_5 浓度高。渗沥液中 COD_{cr} 和 BOD_5 浓度最高分别可达 90 000 mg/L 和 38 000 mg/L，甚至更高。

（3）氨氮含量高，并且随填埋时间的延长而升高，最高可达 1 700 mg/L。渗沥液中的氮多以氨氮形式存在，约占总氮量的 40% ~ 50%。

（4）水质变化大。根据填埋场的年限，垃圾渗沥液分为两类：一类是填埋时间在 5 年以下的渗沥液，其特点是 COD_{cr}、BOD_5 浓度高，可生化性强；另一类是填埋时间在 5 年以上的渗沥液，由于新鲜垃圾逐渐变为陈腐垃圾，其 pH 值接近中性，COD_{cr} 和 BOD_5 浓度有所降低，BOD_5/COD_{cr} 比值减小，氨氮浓度增加。

（5）金属含量较高。垃圾渗沥液中含有十多种金属离子，其中铁和锌在酸性发酵阶段较高，铁的浓度可达 2 000 mg/L 左右，锌的浓度可达 130 mg/L 左右，铅的浓度可达 12.3 mg/L，钙的浓度甚至达到 4 300 mg/L。

（6）渗沥液中的微生物营养元素比例失调，主要是 C、N、P 的比例失调。一般垃圾渗沥液中的 BOD_5:P 值大于 300。

2. 填埋库区渗沥液收集系统

渗沥液收集系统的主要功能是，将填埋库区内产生的渗沥液收集起来，并通过调节池输送至渗沥液处理系统进行处理，同时向填埋堆体供给空气，以利于垃圾的稳定化。为了避免因液位升高、水头变大而增加对库区地下水的污染，美国要求该系统应保证使衬垫或场底以上渗沥液的水头不超过 30 cm。

在填埋作业过程中，垃圾堆体产生的渗沥液通过自身重力作用，逐渐渗透至底部砾石导流层，通过导流层的收集，渗沥液进入收集支管，经收集主管汇集后输送至提升泵井或调节池。部分渗沥液也会进入导气石笼内，通过导气石笼收集进入砾石导流层。填埋场在设计施工过程中，底部具有一定的纵向坡度，管道内的渗沥液呈重力流态方式。

3. 渗沥液的抽排和储存

为了防止渗沥液在场内积聚而影响作业、污染环境，填埋场设计对渗沥液进行合理的收集、导排。填埋场渗沥液收集与导排系统由收集系统和输送系统组成，包括渗沥液导流层、收集支管、收集主管、提升泵井和调节池等。

渗沥液导流层通常情况下由砾石构成，其外观较圆润，厚度一般在 30 ~ 60 cm，覆盖整个填埋场底部。砾石导流层在施工过程中，在收集主管平行方向应设置一定的坡

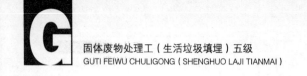

度，收集主管垂直方向也应设置一定的坡度，其总体布局呈现收集主管平行方向"一边高，一边低"、收集主管垂直方向"两边高，中间低"的格局，便于渗沥液收集与输送。

收集支管和收集主管一般采用聚乙烯管材，也叫 PE 管，其管道规格一般根据当地填埋场垃圾的含水量和降雨量来选择，收集主管管径略大于收集支管，总体管道布置呈鱼刺状，填埋场中部位置是收集主管，两侧分布收集支管。

3.5.3 雨污水的导排

1. 目的和意义

填埋场应设置独立的雨水导排系统。雨水导排系统应满足雨污分流、场外汇水和场内未作业区域汇水直接排放的要求，尽量减少雨水渗入垃圾堆体，其排水能力应按照 50 年一遇来设计。

雨污分流，就是把干净的地表水和垃圾渗沥液隔离开。在通常情况下，通过有效收集地表水、防止地表水进入填埋场或采用类似方法，防止渗沥液流出填埋场的方式来实现雨污水分离。

雨污分流能够减少渗沥液的产生量，控制渗沥液的二次污染，防止垃圾堆体滑坡，起到良好的节能减排作用，节约大量的运营成本。

2. 雨污分流基本方案

雨污分流有以下几种手段：

（1）未填埋区雨水通过库区底部渗沥液收集系统，经渗沥液导排管的切换阀门，直接排放至雨水明沟，最终排出场外。

（2）正填埋区雨水通过日覆盖及中间覆膜系统，垃圾堆体保持坡向四周，并在四周设置集水沟，沟底铺设 HDPE 膜并焊接，用泵将收集的雨水导排到雨水明沟，最终排出场外。HDPE 膜覆盖是目前垃圾填埋行业中普遍的雨污分流措施之一，一般填埋场以使用 0.5 mm 或 0.75 mm 厚的 HDPE 膜为主，也有少数填埋场使用 1.0 mm 厚的 HDPE 膜。

（3）已填埋区雨水，在顶部形成 2% 以上的龟背形坡度，采用管道从上到下连接至各层的排水明沟，通过明沟和雨水管道将未受污染的地表径流雨水接入周边雨水排放系统。

（4）垃圾堆体的造型主要由堆体形状、边沟和集水坑等组成，其主要目的是控制雨水的流向，从而达到雨水自流自排的效果。

本章测试题

一、判断题 (下列判断正确的请打"√"，错误的打"×")

1. 填埋物的接收程序中，所有的进场车辆将被称重，并由车辆和驾驶员提供必要的信息。　　　　　　　　　　　　　　　　　　　　　　　（　　）

2. 地磅房设施必须经过严格的培训才可以操作。　　　　　　　（　　）

3. 只要含水率超过 70% 的污泥、淤泥等均属于填埋场不可接收垃圾。（　　）

4. 在进入填埋场地磅房后，将对垃圾进行检查，按照《生活垃圾卫生填埋处理技术规范》（GB 50869—2013）对垃圾类型进行检验并分类。　　　　（　　）

5. 在填埋过程中，用于铺设中间层的土壤也可以用于铺设最终覆盖层。（　　）

6. 铺设钢板路基箱临时道路，主要是为了解决车辆的承载能力问题。（　　）

7. 大吨位后推式液压装置车辆也应设置卸料专用平台。　　　（　　）

8. 摊铺是使作业面不断扩张和向外延伸的一种技术操作方法。　（　　）

9. 斜面作业过程，对于少雨地区有利于减少场区内渗沥水收集量，并防止其在作业区内堆积。　　　　　　　　　　　　　　　　　　　　　　（　　）

10. 填埋作业以卸料堆垛点为起点呈矩形展开。　　　　　　　（　　）

11. 通过压实，可以延长填埋场使用年限，减少沉降和空隙，因而减少虫害和蚊蝇的滋生。　　　　　　　　　　　　　　　　　　　　　　　　（　　）

12. 一般情况下，推土机的压实效果相当于压实机的 1/2。　　（　　）

13. 边坡由边坡覆盖黏土层、渗沥液收集导渗层、防渗层、土工保护膜、三维网、种植土和植被构成。　　　　　　　　　　　　　　　　　　　　（　　）

14. 坡堤的形成从现有填埋层 5.0 m 标高开始，在离围墙 2.0 m 处修建土堤。
　　　　　　　　　　　　　　　　　　　　　　　　　　　　　（　　）

15. 所谓日覆盖，就是将当前的作业区域进行临时性的覆盖。　（　　）

16. 覆盖膜长边宜与堆体坡度垂直。　　　　　　　　　　　　（　　）

17. 日覆盖时应从卸料平台逐渐向当日作业面堆体靠近。　　　（　　）

18. 中间覆盖也叫适时覆盖，有使垃圾暴露时间加长的缺点。　（　　）

19. 适时覆盖不可用于运输通道的临时表面。　　　　　　　　（　　）

20. 喷洒药物的灭蝇方法有着见效快的特点，然而长期使用势必会对周围环境和处置场的土地再利用带来隐患。　　　　　　　　　　　　　　　　（　　）

21. 植物驱蝇法中既要种能吸引苍蝇的植物，又要种能散发出令苍蝇不愉快的气味的植物。（　　）

22. 喷药灭蝇操作中，药液配制操作必须面向上风，戴好涂塑手套，按药液配制要求和配比配药。（　　）

23. 若货车进入填埋覆土区出现轮胎打滑、陷车现象，则应铺设路基箱道路。
（　　）

24. HDPE 膜覆盖操作设备、物资配备为：焊接机一台，灭火器一只，木条（经防腐处理）、塑料编织袋、铁钉、塑料焊枪、HDPE 膜若干。（　　）

25. 排水沟铺设 HDPE 膜时，应铺设在沟槽的正上方，以利排水。（　　）

26. 一个最终覆盖的基本设计至少包括两层：表土层和水文层。（　　）

27. 覆盖材料的来源包括自然土、工业渣土、建筑弃土、污水厂污泥和降解稳定的填埋垃圾等。（　　）

28. 工业渣土是最常用的覆盖材料。（　　）

29. 评价和选择覆盖系统的组成时，应当考虑填埋场封场后的活动计划。（　　）

30. 覆盖层表面的不均匀沉降是压实机压实不均匀混杂造成的。（　　）

31. 在固体废弃物集中收集或处理的同时，也将其产生的污染集中起来。（　　）

32. 氨和硫化氢是垃圾臭气中臭味最大的两种物质。（　　）

33. 国标 GB 14554—1993 规定的恶臭污染物厂界一级标准值氨气浓度为 1.5 mg/m³。
（　　）

34. 活性炭颗粒吸附性能优于活性炭纤维（ACF）。（　　）

35. 苍蝇的发育期分为卵、蛆、成虫三个阶段。（　　）

36. 垃圾填埋场苍蝇密度控制要求为：在可视范围内每次目视小于等于三只。
（　　）

37. 作业过程中，若药物沾染皮肤，应尽快用清水冲洗，并用肥皂擦洗，情况严重的，必须紧急赴医院诊治。（　　）

38. 当地下水水位较高并对场底基础层的稳定性产生危害时，必须设置地下水收集导排系统。（　　）

39. 碎石导流层碎石厚度不应小于 200 mm。（　　）

40. 土工复合排水网导流层，应根据地下水的渗流量，选择相应的土工复合排水网。（　　）

41. 堆积的准备用于焚烧的垃圾渗漏出的水分不属于渗沥液。（　　）

42. 垃圾渗沥液是指来源于垃圾填埋场中垃圾本身含有的水分、进入填埋场的雨雪水及其他水分，扣除垃圾、覆土层的饱和持水量而形成的一种高浓度废水。（　　）

43. 填埋场在设计施工过程中，底部具有一定的纵向坡度，管道内的渗沥液呈重力流态方式。（　　）

44. 在垃圾沟内铺设的导排材料直接与渗沥液收集支管相连。（　　）

45. 砾石导流层在施工过程中，在收集主管平行方向应设置一定的坡度，收集主管垂直方向也应设置一定的坡度，呈现一边高、一边低的格局，便于渗沥液收集与输送。（　　）

46. 油脂分离器分离出的液体废物可直接进入填埋场填埋。（　　）

47. 雨污分流的实现方式主要有：通过有效收集地表水、防止地表水进入填埋场，或采用类似方法防止渗沥液流出填埋场。（　　）

48. 已填埋区雨水，在顶部形成3%以上的龟背形坡度，采用管道从上到下连接至各层明沟，通过明沟和雨水管道将未受污染的地表径流雨水接入周边雨水排放系统。（　　）

49. 把填埋场用隔堤分割成独立作业单元是为了减少垃圾暴露面积，减少填埋场污水量。（　　）

二、单项选择题（下列每题的选项中，只有1个是正确的，请将其代号填在括号中）

1. 怀疑载有本填埋场不允许接收的垃圾材料的车辆将（　　）。

A. 允许进入

B. 允许进入，告知下次将拒收

C. 不允许进入，并告知有关单位此类拒收情况

D. ABC 均不对

2. 下列选项中不属于地磅房计算机管理系统记录的车辆主要信息的是（　　）。

A. 进出场时间及日期　　　　　　B. 司机姓名

C. 车辆注册号码　　　　　　　　D. 进出场重量

3. 以下垃圾种类属于填埋场可接收垃圾的是（　　）。

A. 石棉废物　　　　　　　　　　B. 医疗废物

C. 普通废物焚化炉灰　　　　　　D. 外国船舶产生的生活垃圾

4. 以下垃圾种类不属于填埋场可接收垃圾的是（　　）。

A. 65%脱水污泥　　　　　　　　B. 生活垃圾

C. 街道清洁垃圾　　　　　　　　　D. 粉煤灰

5. 对于因怀疑携带有非许可垃圾，而拒绝其进入场地，在适当时限内完成书面确认，下列不属于书面确认内容的是（　　　）。

A. 事件日期及时间

B. 车辆详细资料

C. 做出拒绝进场指令的营运人姓名

D. 车辆驾驶员地址

6. 填埋单元完成后，覆盖（　　　）cm 厚的黏土并压实。

A. 10　　　　　　B. 10~20　　　　　C. 20~30　　　　　D. 30~40

7. 山地土以三明治方式构筑临时道路过程中，土和垃圾的比例为（　　　）时，车辆通行效果颇为理想。

A. 1:1　　　　　　B. 2:1　　　　　　C. 2:1 或 3:1　　　D. 4:1

8. 钢板路基箱是一种焊接构件，其长度和宽度根据车辆的装载量设计，通常为（　　　）。

A. 3 m×3 m　　　　　　　　　　　B. 4 m×1.5 m

C. 4 m×4 m　　　　　　　　　　　D. 4 m×1.5 m 或 6 m×1.5 m

9. 钢结构卸料平台的高度及坡度视举升或自卸车后栏板接地间隙而定，通常在（　　　）m。

A. 0.2~0.5　　　　　　　　　　　B. 0.5~0.8

C. 0.8~1　　　　　　　　　　　　D. 1~1.2

10. 下列哪一项不是铺设卸料平台要求人员？（　　　）

A. 装载机操作工　　　　　　　　　B. 压实机操作工

C. 推土机操作工　　　　　　　　　D. 现场指挥、调度管理

11. 斜面作业相比于平面作业的优点是（　　　）。

A. 所用的覆盖料少

B. 减少飞扬物

C. 当机器向上爬坡时要比向下爬坡容易得到一个比较均匀的垃圾作业支撑面

D. ABC 均正确

12. 摊铺过程中，遇到庞大的废弃物应当压碎或击破，原因是（　　　）。

A. 影响美观　　　　　　　　　　　B. 容易损坏推土机

C. 防止形成污染　　　　　　　　　D. 防止形成空洞

13. 摊铺过程中，将废物倒在顶部或侧斜面的下部，斜坡与水平面的夹角不应超过（   ）。

    A. 10°   B. 20°   C. 30°   D. 40°

14. 填埋作业过程中，填埋作业面坡度为（   ）。

    A. 1:10   B. 1:100   C. 1:200   D. ABC 均不对

15. 推平过程中，作业面应平整，高低凹凸允差为（   ）cm。

    A. 1～3   B. 3～5   C. 0～5   D. 5～10

16. 为了得到最佳的压实密度，废弃物摊铺层厚一般不能超过（   ）m。

    A. 4   B. 5   C. 6   D. 7

17. 作业过程中，推土机推铺成（   ）m 厚的垃圾堆层后，由压实机来回碾压两次。

    A. 0.3～0.6   B. 0.6～0.9   C. 0.9～1.2   D. 1.2～1.5

18. 压实机作业过程中，每次碾压轨迹覆盖过上次的（   ）。

    A. 1/5   B. 1/4   C. 1/3   D. 1/2

19. 当使用推土机执行压实作业时，220 推土机应来回碾压（   ）遍。

    A. 2   B. 4   C. 6   D. 8

20. 当使用推土机执行压实作业时，轨迹重叠率为（   ）。

    A. 25%   B. 50%   C. 60%   D. 75%

21. GCL 膜上下各铺设一层土工布的目的是（   ）。

    A. 对 GCL 膜进行更安全的保护   B. 防止渗沥液外渗

    C. 防止雨水渗入   D. 利于填埋气的导出

22. 以下（   ）不属于护坡的功能。

    A. 降雨时雨污分流   B. 防止填埋区垃圾散落到填埋区外

    C. 防止填埋区污水污染表层清水   D. 防止水土流失

23. 下列（   ）不是日覆盖的作用。

    A. 减少填埋场对周围环境的污染   B. 使未被污染的雨水外排

    C. 减少渗沥液产生量   D. 保证垃圾堆体的平坦

24. 控制每个作业面在一天作业结束时及时覆盖，作业区域内的垃圾裸露面不得超过（   ）h。

    A. 6   B. 12   C. 24   D. 36

25. 日覆盖作业时，根据作业面大小控制覆盖膜面积，减少覆盖搭接缝，两块膜搭接时重叠宽度不小于（　　　）cm。

 A. 20   B. 30   C. 40   D. 50

26. 日覆盖时搭接的宽度宜为（　　　）cm。

 A. 10   B. 20   C. 30   D. 40

27. 垃圾填埋层厚度达（　　　）m 后，开始进行中间覆盖。

 A. 1~1.5   B. 1.5~2   C. 2~2.5   D. 2.5~3

28. 中间覆盖的黏土厚度为（　　　）cm。

 A. 10   B. 20   C. 30   D. 40

29. 推土机将货车卸下的土源均匀摊铺在单元垃圾填埋终层，推铺土层厚为（　　　）cm。

 A. 10   B. 20   C. 30   D. 40

30. 覆盖层表面应平整，高低凹凸不大于（　　　）cm。

 A. 1~5   B. 3~5   C. 5~7   D. 5~10

31. 铺设 HDPE 膜过程中，两块膜的结合点处应有（　　　）cm 左右重叠，依次可不断铺设、焊接，确保紧密。

 A. 5   B. 8   C. 10   D. 12

32. 发展中国家，一个最终覆盖基本采取（　　　）cm 表土层和（　　　）cm 水文层。

 A. 40，10   B. 40，20   C. 60，10   D. 60，20

33. 覆盖材料的用量与垃圾填埋量的关系为（　　　）。

 A. 1:1 或 1:2   B. 1:2 或 1:3

 C. 1:3 或 1:4   D. 以上选项均不正确

34. 工业渣土和建筑弃土作为覆盖材料相比于自然土的优势是（　　　）。

 A. 不会占地和破坏植被   B. 渗透系数小

 C. 阻止渗沥液扩散   D. ABC 均不对

35. 下列（　　　）适合在填埋场种植。

 A. 竹子   B. 白杨   C. 柳树   D. 小型灌木

36. 填埋到最终顶面标高时，覆盖封顶的黏土厚（　　　）m。

 A. 0.1~0.3   B. 0.3~0.5

 C. 0.5~0.7   D. 0.7~0.9

37. 下列不属于臭气的主要成分的是（　　　）。

A. 甲硫醇　　　　B. 甲基硫　　　　C. 硫化氢　　　　D. 二氧化碳

38. 在洗气塔中进行气洗时，不可采用（　　　）。

A. 填充塔气泡塔　　　　　　　　B. 喷洒塔

C. 流动层式吸收塔　　　　　　　D. 板式塔

39. 直接燃烧法是将臭气送入锅炉燃烧室、燃烧炉等设备燃烧可燃成分，但必须在高于（　　　）℃的高温下才能完全燃烧臭气成分。

A. 600　　　　B. 700　　　　C. 800　　　　D. 1000

40. 每年的（　　　）月份是苍蝇的最佳繁殖期。

A. 5～7　　　B. 5～8　　　C. 5～9　　　D. 5～10

41. 下列选项中不属于化学灭蝇的是（　　　）。

A. 喷雾灭蝇　　　　　　　　　　B. 植物驱蝇法

C. 颗粒药剂灭蝇　　　　　　　　D. 烟雾灭蝇

42. 喷雾灭蝇作业中，喷药人的行进方向是（　　　）。

A. 由下风向向上风向行进　　　　B. 由上风向向下风向行进

C. 顺风　　　　　　　　　　　　D. 以上选项均不正确

43. 填埋场灭蝇标准为：蝇密度≤（　　　）只/笼/日。

A. 6　　　　B. 8　　　　C. 10　　　　D. 12

44. 生活垃圾填埋场填埋区基础层底部应与地下水年最高水位保持（　　　）m以上的距离。

A. 0.5　　　B. 1　　　C. 1.5　　　D. 2

45. 地下水收集导排系统的设计应符合下列要求（　　　）。

A. 能及时有效收集导排地下水和下渗地表水

B. 有防淤堵能力

C. 保证收集导排系统的长期可靠性

D. 以上选项均正确

46. 地下水收集导排系统顶部距防渗系统基础层底部不得小于（　　　）m。

A. 0.5　　　B. 1　　　C. 1.5　　　D. 2

47. 下列属于垃圾渗沥液来源的是（　　　）。

A. 垃圾自身含水　　　　　　　　B. 垃圾生化反应产生的水

C. 地下水的反渗和大气降水　　　D. 以上选项均正确

48. 占渗沥液总量最大的一部分水是（　　　）。

A. 垃圾自身含水　　　　　　　B. 垃圾生化反应产生的水

C. 大气降水　　　　　　　　　D. 地下水的反渗

49. 城市生活垃圾填埋场渗沥液的 pH 值范围是（　　　）。

A. 2 ~ 7　　　　B. 2 ~ 11　　　　C. 3 ~ 9　　　　D. 4 ~ 9

50. 下列选项中不属于渗沥液的物理化学处理技术的是（　　　）。

A. 活性炭吸附　　　　　　　　B. 密度分离

C. 化学还原　　　　　　　　　D. 厌氧发酵

51. 雨污分流的优点在于（　　　）。

A. 减少渗沥液产生量　　　　　B. 控制渗沥液的二次污染

C. 防止垃圾堆体滑坡　　　　　D. 以上选项均正确

52. 填埋区通过（　　　）将雨水排出场外。

A. 渗沥液收集系统　　　　　　B. 导排盲沟

C. 覆膜系统　　　　　　　　　D. 以上选项均不正确

53. 单元填埋结束后，顶面应形成龟背形，即垃圾堆放时，逐步堆成两边低、中间高，形成（　　　）左右的排水坡度。

A. 2%　　　　　B. 4%　　　　　C. 6%　　　　　D. 8%

本章测试题答案

一、判断题

1. √	2. √	3. √	4. ×	5. ×	6. √	7. √	8. √
9. ×	10. ×	11. √	12. ×	13. √	14. ×	15. √	16. ×
17. ×	18. √	19. ×	20. √	21. √	22. ×	23. √	24. ×
25. ×	26. √	27. ×	28. ×	29. √	30. ×	31. √	32. √
33. √	34. ×	35. ×	36. √	37. √	38. √	39. ×	40. ×
41. ×	42. √	43. √	44. ×	45. ×	46. ×	47. √	48. ×
49. √							

二、单项选择题

1. C	2. B	3. C	4. D	5. D	6. C	7. C	8. D
9. C	10. B	11. D	12. D	13. C	14. B	15. D	16. C
17. C	18. D	19. C	20. D	21. A	22. D	23. D	24. C

25. A   26. B   27. C   28. C   29. C   30. D   31. C   32. D

33. D   34. D   35. D   36. C   37. D   38. D   39. C   40. D

41. B   42. A   43. C   44. B   45. D   46. B   47. D   48. C

49. D   50. D   51. D   52. C   53. A

第4章

填埋主要设备操作规程

4.1　推土机操作规程

学习目标

掌握卫生填埋场推土机操作工的岗位职责、操作流程、安全检查等

掌握卫生填埋场推土机的起动、行驶、作业、停放、保养知识

掌握卫生填埋场推土机作业过程的注意事项

4.1.1　一般规定

1. 岗位职责

（1）持证上岗，熟知推土机的主要性能、基本结构、技术保养、操作方法，并按规定进行操作。

（2）每天做好设备的日常保养、检修、维护工作，做好设备使用的日常记录，确保设备不带病作业，发现问题及时报修，并配合维修人员工作，保持车容车貌整洁，并按指定位置停放。

（3）自觉服从现场指挥人员指挥，严格执行填埋工艺作业规范。

（4）对影响生产（工作）及质量、危及设备或人身安全的违章作业指挥，有权拒绝执行，并及时向上报告。

（5）在工作（操作）过程中，必须树立"安全第一"的思想，确保人身、设备安全，不得在填埋作业区现场吸烟，不得在驾驶室内吸烟，不得酒后驾车。

（6）自觉遵守国家的法规、法令和公司规章，积极参加技术交流和班组建设等活动，争做"文明职工"。

（7）做到责任到人，到岗尽职，虚心接受公司职能部门、设备管理员、安全员对作业质量的检查、考核、评估。

2．作业流程

推土机作业流程如图4—1所示。

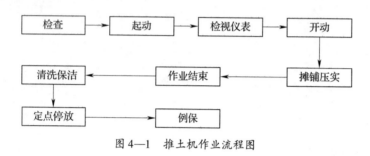

图4—1　推土机作业流程图

3．安全检查

（1）作业前检查推土机技术状态，检查表见表4—1，确保技术状态良好方可起动。具体检查项目如下：

1）发动机要进行燃油、润滑油、冷却水等方面的检查。

2）对发动机、传动系统、推土装置和液压系统等部位分别进行检查和加油。

3）清除空气滤清器上的积尘，必要时检查滤芯并清除附着其上的灰尘。

4）检查推土机各部位有无漏水、漏油、漏气现象，若有，则应找出原因并排除。

5）检查各操纵杆及制动踏板的行程范围、间隙和可靠性。

6）检查铲刀和刀片的磨损情况，以及推土机各部位之间螺栓的松紧程度，发现异常则应及时处理。

7）检查蓄电池的充电量、电气线路和照明设备情况，以保证使用性能正常。

表4—1　　　　　　　　　　　　设备检查表

序号	保养项目	保养内容	保养结果
1	检查漏油、漏水、漏电	检查	
2	检查螺栓、螺母	检查及拧紧	
3	检查电路	检查及拧紧	
4	检查冷却水位	检查及补充	
5	检查发动机油底壳油位	检查及补充	

续表

序号	保养项目	保养内容	保养结果
6	检查燃油油位	检查及补充	
7	检查转向离合器油位	检查及补充	
8	燃油箱排出杂质	放出水及沉积物	
9	检查灰尘指示器	检查及清理空气滤清器	
10	检查制动踏板行程	检查及调整	

推机工（签名）：　　　　　　　　　　　　　　　　　　日期：

（2）检查发动机周围有无垃圾，防止可燃垃圾受热燃烧，导致安全事故，检查消防设备，确认其处于良好状态。

（3）推土机工上下推土机时，必须抓好扶手，防止滑倒。

（4）作业后清理推土机履带夹杂垃圾，清洗驾驶室内外。

（5）推土机不得停放在低洼处或地槽区域，定置停机，关闭驾驶室门窗，切断电源。

（6）推土机操作人员必须做好设备使用中的每日交底记录及例保，发现问题及时汇报修理，配合维修人员工作。

4.1.2 安全驾驶

1. 起步

（1）将变速操纵杆扳到所需要的挡位位置。

（2）将进退操纵杆扳到所需要的位置。

（3）将推土机操纵杆拉到"上升"位置，使铲刀提升到距地面 0.4～0.5 m 高度，然后将操纵杆推到中间"封闭"位置。

（4）油门操纵杆增到适当开度。

起步时必须注意，变速时若由于花键相碰不能挂上所要求挡位，应先将变速操纵杆放回"空挡"位置，然后微微拉动主离合器或变矩器操纵杆，使花键的相对位置改变，然后再行挂挡，切不可粗暴地强行挂挡；各操纵杆扳动位置必须正确、彻底，切勿中途停止，以免接合一半造成事故；应根据所要求的负荷大小，控制油门操纵杆位置。

2. 变速、进退和转向

（1）变速与进退

1）将主离合器或变矩器操纵杆推向"离合"位置。

2）将变速操纵杆先扳回"空挡"，然后再扳到所需要的挡位位置。

3）根据需要，将进退操纵杆推向"前进"或"后退"位置。

（2）转向

在前进或后退过程中，欲转向时，可拉动转向操纵手柄，再将同侧制动踏板根据回转程度的大小适当踩下，需要急转向时，将制动踏板一次踩到底不动。转向完成后，恢复直线行驶的操作顺序与上述相反，即先松开制动踏板，然后再松开转向操纵手柄。若非特殊必要，切忌高速原地回转，以免造成行走部分的严重磨损或其他损失，也不要把脚放在制动踏板上。

3. 斜坡行驶

（1）在陡坡上行驶。一般情况下，应避免大角度坡行，尤其避免横向大角度坡行。如果必须在陡坡上行驶，则驾驶人员应经过一定的训练或优先指派有经验者，以免造成重大事故。

（2）前进下坡。推土机在陡坡上前进下坡时，应选择低速挡，柴油机油门操纵杆应放在小开度位置上，并应注意同时控制两个制动踏板，以防溜车。下坡时应注意：

1）切不可将主离合器或变矩器脱开。

2）推土机在陡坡上前进下坡前，如果需要转向，操作过程与一般情况下的转向操纵过程相同。

3）在下坡过程中，由于陡坡上推土机本身有重量而容易产生下滑的趋势，所以，拉转向操纵手柄与踩下制动踏板之间的时间间隔不宜太长；如果只拉一侧转向操纵手柄，使该侧转向离合器分离，但不踩下同侧的制动踏板，这时，推土机会在自身重量的影响下，往相反一侧缓慢转动，这一点与一般情况下的效果相反，请操作者注意。

（3）前进上坡。推土机在陡坡上前进上坡时，柴油机油门操纵杆应放到大开度位置上，变速操纵杆应放在低速挡位置上。如果在上坡过程中突然熄火，则应采取如下紧急措施：

1）立即同时踩下左、右制动踏板，使推土机左、右制动器都处于完全制动状态。

2）将推土操纵杆推到"下降"位置，使铲刀落到地面，然后将主离合器或变矩器操纵杆向前推，使主离合器或变矩器处于分离状态。

3）拨动掣子，锁住两个制动踏板，使推土机不会因为脚离开制动踏板而下滑，此时若能找到较大物体挡在两侧履带后部下方更好。然后检查原因，发现故障及时排除。

（4）后退上坡。推土机需要爬陡坡时，也可以采取后退上坡的方式，如果操作得好，则比前进上坡更安全。

4．特殊路况行驶

（1）在不平坦的路上行驶时，尽可能选用低速挡位行驶，避免紧急、频繁回转。

（2）在岩石路面上行驶时，应将履带张得稍紧，以求履带板磨损减轻。

（3）铲刀不宜提得过高，一般情况离地面约 0.4 m 即可。

（4）越过较大障碍物时，应低速缓行。

（5）避免斜行越过高大障碍物，更不可用"分离"一侧转向离合器的方法作为越过措施。

（6）在水中行驶时，应使托链轮露出水面，以免柴油机风扇搅溅起水花。经过较长时间泥水中行驶后，应彻底清洗推土机，并仔细检查各部位有无渗漏，油中是否混进水分。

5．铲掘作业

在铲掘作业中，若发现推土机突然前倾，或柴油机超载声音沉重，可提升铲刀，以恢复其正常工作。

推土机作业运距以 50 m 左右最为经济。为了提高生产效率，在一个工作循环中，可不必每次都使推土机退回到作业面起点，只要推土机能推满铲且作业方便，可中途折回，逐渐后退，直到退回作业起点，再开始第二个循环。

推土机作业时，可根据需要调整斜撑杆长短，使铲刀在垂直面上成所需要的倾斜角。

6．推运作业

推土机在进行场地平整等作业时，除了铲掘、运送外，还需要将铲刀前的垃圾等以低速缓慢铺设。场地作最后平整时，可将推土操纵杆推到最外侧，使铲刀处于"浮动"状态，并与地面接触，操纵推土机后退行驶。这样可取得较好的效果，但应注意躲避大块石头等坚硬物，以免损坏铲刀片。

推土机在铲推作业中，当遇到大阻力不能前进时，应立即停止铲推，切不可强行作业，应在调整铲推量后继续作业。如果柴油机已经熄火需要重新起动，则应先做铲推作业相反的运动，排除过载，再起动。

7．安全注意事项

（1）推土机行驶前，严禁有人站在履带或刀片的支架上，机械周围应无障碍物，确保安全后，方可开动，严禁拖、顶起动。

（2）推土机开动时，驾驶室内禁止堆放任何物体，严禁带人进入驾驶室，以免影响操作而造成事故；行驶过程中，禁止上下车。

（3）作业过程中必须服从现场指挥，做好安全防范措施，特别是陡坡作业时要注意安全。推土机坡行角度，纵向行驶坡度不大于 1：1.73（30°），横向行驶坡度不大于 1：5.67（10°），应尽量避免横坡行驶，以防发生侧翻事故。从高处向下推垃圾时，严格服从现场指挥，制动失效时，禁止坡上停车。

（4）严禁用机械牵引超自身极限的物体，牵引时须有专人指挥，钢丝绳连接必须安全可靠，坡道及长距离牵引时，应采用牵引杆连接。

（5）严格执行填埋工艺，自觉服从现场指挥及调度人员的指挥，严禁擅自改变推进方向，以防与其他机械设备碰撞而发生事故。两台推土机在同一区域作业时，应保证前后大于两倍机身距离，左右大于一倍机身距离。作业时，若无特殊必要，切忌急转弯和高速原地回转，以免造成行走部分的严重磨损或其他损失。

（6）上坡过程中突然熄火，则应采取如下紧急措施：

1）立即同时踩下左、右制动踏板，使推土机左、右制动器都处于完全制动状态。

2）将推土机铲刀落到地面，然后将主离合器或变矩器处于分离状态。

3）铲刀不宜提得过高，一般情况离地面约 0.4 m 即可。

4）检查原因，发现故障及时排除。

5）若能找到较大物体挡在两侧履带后部下方更好。

（7）推土机在推铺作业中，当遇到大阻力不能前进时，应立即停止铲推，切不可强行作业，应调整铲推量（后退并调整铲刀位置）后继续前进。

（8）作业中，应定时检查发动机周边有无夹杂垃圾，防止发动机过热导致垃圾燃烧，进而引起机械设备燃烧。

（9）推土机运行过程中，禁止任何人员上下车。当操作工离开座位时，要确保安全操纵杆和停车制动处于锁定位置，否则有可能触动未锁定的操纵杆，使工作装置突然动作，从而造成严重损坏或伤害。

（10）推土机工离开机器时，须确保工作装置完全降至地面，安全操纵杆置于锁定位置，引擎处于关闭状态，所有装置锁住，钥匙随身携带。

4.1.3　摊铺作业

1．分层摊铺作业要求

（1）推土机作业时，须注意与其他机械协调作业，提高作业效率，作业时注意瞭望，确保安全。

（2）推土机在平台下推铺垃圾时，必须看清卸料平台是否有车即将倾倒垃圾，在确保安全的情况下进行作业。

（3）推铺作业中，单台推土机作业时，以卸料堆垛点为顶点呈锥面展开，两台推土机配合作业时，由一台推土机将卸下的垃圾推离卸料平台，另一台由上而下将垃圾向纵深推进，确保作业面满铺，边缘成自然坡度，坡度＜1:5。

（4）推铺作业时，推土机铲刀保持与地面0.3~0.5 m距离，确保摊铺均匀，作业面坡度保持约1:100。

（5）作业单元由下而上逐层填埋至与隔堤路面高度一致，造坡时，推土机以层厚0.5 m、坡度1:30由路边向单元中心推铺，逐层布料压实，形成填埋作业终面。

2．压实作业要求

（1）推铺厚度约为0.5 m时，推土机开始压实作业，来回碾压应不少于3次，每次碾压履带轨迹要盖过上次履带轨迹的3/4，压实密度大于0.85 t/m^3。

（2）行驶挡位保持一挡，前进和倒车时车速＜5 km/h。

（3）行驶时严禁90°急转弯，防止履带脱落或转向离合器断裂。

（4）压实距离控制为作业面25 m×30 m范围内。

（5）作业面坡度约1:100，边坡作业坡度＜1:5。

4.2　挖掘机操作规程

学习目标

掌握卫生填埋场挖掘机操作工的岗位职责、操作流程、安全检查等

掌握卫生填埋场挖掘机的起动、行驶、作业、停放、保养知识

了解卫生填埋场挖掘机作业过程的注意事项

4.2.1　一般规定

1．岗位职责

（1）持证上岗，自觉服从现场指挥人员指挥，严格执行填埋工艺和作业规范。在操作过程中，严格遵守操作规程。

（2）每天须做好设备的例保工作，保持车容车貌整洁，并按规定做好运转、例保记录，按指定位置停放。

（3）做好开沟排水工作，保证作业单元无任何积水；做好单元周围5 m内挖沟和旁边的整平和斜面工作。

（4）与推土机一起完成单元内钢板路基箱和平台的底基构筑，协助装载机对钢板路基箱道路及平台进行铺设，并保证钢板道路、平台的平整。

（5）上下挖掘机时，必须抓好扶手，防止滑倒；作业时，注意周围环境，确保无人员站立和通行。

（6）离开驾驶位置时，必须将铲斗落地，发动机熄火，并切断电源。

（7）做到责任到人，到岗尽职，虚心接受公司职能部门、设备管理员、安全员的抽检。

（8）自觉遵守国家的法规法令、公司规章，积极参加技术交流和班组建设等活动，争做"文明职工"。

2．作业流程

挖掘机作业流程如图4—2所示。

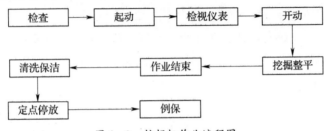

图4—2　挖掘机作业流程图

3．安全检查

（1）作业前检查挖掘机技术状态，确保其良好方可起动，例保检查表见表4—2。

表4—2　　　　　　　　　　　　　例保检查表

序号	保养项目	保养内容	保养结果
1	检查漏油、漏水、漏气	检查	
2	检查螺栓、螺母	检查及拧紧	
3	检查电路	检查及拧紧	
4	检查冷却水位	检查及补充	
5	检查发动机油底壳油位	检查及补充	
6	检查燃油油位	检查及补充	
7	检查转向离合器油位	检查及补充	
8	燃油箱排出杂质	放出水及沉积物	
9	检查灰尘指示器	检查及清理空气滤清器	
10	检查制动踏板行程	检查及调整	

挖机工（签名）：　　　　　　　　　　　　　　　　　　日期：

1）柴油机要进行燃油、润滑油、冷却水等方面的检查。

2）对柴油机、传动系统、挖掘装置和液压系统等各部位分别进行检查和加油。

3）清除空气滤清器上的积尘，必要时检查滤芯并清除附着其上的灰尘。

4）检查挖掘机各部位有无漏水、漏油、漏气现象，若有，则应找出原因并排除。

5）检查各操纵杆及制动踏板的行程范围、间隙和可靠性。

6）检查固定部件和连接件螺丝是否牢靠，发现异常及时处理，严防设备事故。

7）检查蓄电池的充电量、电气线路和照明设备情况，以保证使用性能正常。

（2）检查发动机周围有无垃圾，防止可燃垃圾受热燃烧，导致安全事故。

（3）操作工上下挖掘机时，必须抓好扶梯，防止滑倒。

（4）作业后清理挖掘机履带夹杂垃圾，必要时，冲洗驾驶室内外。

（5）定置停机，关闭驾驶室门窗，切断电源。

（6）挖掘机操作人员必须做好设备使用中的每日交底记录，发现问题及时汇报修理，配合维修人员工作。

4.2.2　安全驾驶

1. 起动

（1）起动前的检查

1）检查工作装置、液压缸、连杆、软管是否有损坏、磨损或游隙。

2）清除发动机、蓄电池、散热器周围的灰尘和杂物。

3）检查发动机周围是否漏水、漏油、漏气。

4）检查下部车体（履带、链轮、引导轮、护罩）有无损坏、磨损、螺栓松动或从轮处漏油。

5）检查扶手是否损坏，螺栓是否松动。

6）检查仪表、监控器是否损坏，螺栓是否松动。

7）检查冷却液液位，加水。

8）检查发动机油底壳内的油位，加油。

9）检查燃油位，加燃油，清排燃油箱中的水和沉积物。

10）检查液压油箱中的油位，加油。

（2）起动准备

1）安全锁定控制杆在锁定位置。

2）操纵杆调到中位，起动发动机时不要触到按钮开关。

3）将钥匙插入起动开关，把钥匙转到 ON 位置。

（3）起动操作

1）燃油控制旋钮调到低速（MIN）位置。

2）起动开关钥匙转到 START 位置，发动机起动，松开起动开关钥匙，钥匙将自动回到 ON 位置。

3）发动机起动后，当机油压力监控器指示灯还亮时，不要操作工作装置的操纵杆和行走踏板。

2．行驶操纵

（1）行走。当在障碍物（如砾石、树桩）上行走时，机器（特别是下部车体）会经受很大的冲击，因此要降低行走速度，并使履带的中心跨越障碍物，要尽可能在行走前清除这种障碍物或避免在障碍物上行走。

（2）高速行走。当高速行走时，应将引导轮设定在前进方向。在不平坦的路基上（如石头路基或有大石头的不平道路），要以低速行走。

（3）允许水深。不要在水深超过托轮中心线的水中驾驶。

（4）在斜坡上行走

1）当下陡坡时，用行走操纵杆和燃油控制旋钮保持低速行走。

2）当在坡度超过 1:3.73（15°）的陡坡下坡行走时，要将工作装置升至离地面 0.2~0.3 m，并降低发动机转速。

3）当在坡度超过 1:3.73（15°）的陡坡上坡行走时，为保证平衡，要把工作装置伸向前方，使工作装置升至离地面 0.2~0.3 m，并以低速行走。

（5）下坡行走。在下坡时，为了制动机器，要将行走操纵杆置于中位，自动施加制动。

3．挖掘、装载作业

（1）反铲作业。反铲适合在低于机器的位置处挖掘。

（2）正铲作业。正铲作业适合在高于机器的位置处挖掘，可通过以相反方向安装的铲斗进行正铲作业。

（3）挖沟作业。通过安装与沟的宽度相匹配的铲斗，把履带调到与将挖掘的沟相平行的位置，便可有效地进行挖沟作业。挖宽沟时，首先要挖出两侧，最后挖去中心部分。

（4）装载作业。在回转角度较小的地方，让自卸车停在操作者容易看到的地方，可以更有效地进行作业。从自卸车的后部装载，比从自卸车的侧面装载更方便，装载量更大。

（5）作业故障排除。当只有一侧履带陷入泥中时，用铲斗抬起履带，然后垫上木板或圆木，把机器驶出，如果必要，铲斗下面也放上木板。如果两侧的履带都陷入泥中，并且打滑不能移动，采用上面提供的方法垫上圆木或木料，把铲斗掘入前方的地面，按照与挖掘时相同的方式操作斗杆，并把行走操纵杆调到前进位置，以拉出机器。

4．安全注意事项

（1）起动前，要检查四周有无障碍及其他危及安全的因素，通知车下人员离开。

（2）在发动机起动和工作中，应经常注意各仪表读数，注意发动机及各传动部位有无异常响声和气味，如发现故障，立即停车，排除故障后方可继续工作。

（3）作业中，严格执行作业工艺，自觉服从现场指挥及调度人员的指挥，严禁擅自改变推进方向，以防与其他机械设备碰撞而发生事故。若无特殊必要，切忌急转弯和高速原地回转，以免造成行走部分的严重磨损或其他损失。

（4）挖掘机行驶时，须将铲斗和斗柄的液压缸活塞杆全部伸出，使铲斗斗柄和动臂紧靠，臂杆应与履带平行，并制动回转机构，铲斗离地不小于1 m。

（5）上下坡时坡度不得超过1：2.14（25°），必须直上、直下，严禁横走，保持铲斗距地面0.2～0.3 m低速行驶。

（6）作业时，必须待机身停稳后再挖料，铲斗未离开作业面时，不得作回转行走等动作，机身回转或铲斗承载时不得起落吊臂。

（7）作业时顺机身挖掘，不得悬空挖掘或朝机身下方挖掘。挖掘操作过程中，要将履带调整到与路肩或坑边成直角，并保持链轮在后，以方便撤离。

（8）拉铲作业时，铲斗满载后不得继续吃料，不得超载。反铲作业时，必须待大臂停稳后再吃料、收斗，伸头不得过猛、过大。

（9）作业过程中，定时检查发动机周边有无夹杂垃圾，防止发动机过热导致垃圾燃烧，进而引起机械设备燃烧。

（10）挖机工离开驾驶室时，必须将铲斗落地。

（11）履带挖掘机转换作业区时，跨越钢板道路、白色水泥道路或黑色柏油道路时，须用枕木铺垫或平板车运送。

4.2.3　修坡作业

1．整平作业及要求

（1）挖掘机作业时，须注意与推土机协调作业，提高作业效率，作业时注意瞭望，确保四周无障碍物。

（2）挖掘机在平台下挖掘垃圾时，必须确保卸料平台无车辆卸料。

（3）作业时听从指挥服从调度，观察地貌地形要仔细，操作时思想要集中，操作中臂挂杆下降时中途不突然停顿。

（4）挖掘深度控制在 4 m，表面应整平，达到无明显凹凸，作业面坡度保持约 1:100。

（5）作业行驶时，保持铲斗距地面 0.2～0.3 m 低速行驶，速度不大于 5 km/h。

2．修坡作业及要求

（1）坡上作业时，坡度不超过 1:2.14（25°），必须沿坡纵向行驶，尽量避免横坡行驶，防止侧翻。

（2）修坡作业，要求坡面平整，坡度要求为 1:3。

4.3　装载机操作规程

学习目标

掌握卫生填埋场装载机操作工的岗位职责、操作流程、安全检查等
掌握卫生填埋场装载机的起动、行驶、作业、停放、保养知识
了解卫生填埋场装载机作业过程的注意事项

4.3.1　一般规定

1．岗位职责

（1）持证上岗，熟知装载机的各种性能、结构、技术保养、操作方法，并按规定进行操作。

（2）严格遵守定车定人规定，严禁无证驾驶和酒后开车，自觉服从现场指挥人员指挥，严格执行作业规范。

（3）出车前必须对刹车、喇叭、转向盘、指示灯进行安全检查，同时做好每天例保工作。

（4）行驶之前，应检查周围环境，确保安全。

（5）严格遵守场内交通规则，严禁逆向行驶，严防碰撞事故发生。

（6）严禁装载机搭乘人员。

（7）在生产结束后，装载机工要清除生产作业道路上散落的垃圾。

（8）装载机工每天根据生产需要铺设平台和隔堤道路，路基箱铺设要平整，并经常修复高低不平的路基箱，保证生产作业道路畅通。

（9）须每天进行装载机清洁例保，规范作业，保持车容车貌整洁，并按规定做好运转、例保记录，按指定地点停放。

（10）做到责任到人，到岗尽职，虚心接受场部职能部门作业日常抽查、考核、评估，争做"文明职工"。

2．作业流程

装载机作业流程如图4—3所示。

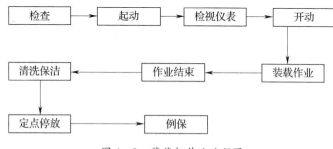

图4—3　装载机作业流程图

3．安全检查

（1）作业前检查装载机技术状态，确保技术状态良好方可起动。

1）检查发动机冷却液液位。

2）检查发动机油底壳油位。

3）检查液压油箱油位。

4）检查各油管、水管及各部件的密封性。

5）检查蓄电池接线，如果蓄电池电极与电缆的连接出现松动，及时将其拧紧。

6）检查轮胎气压是否正常。

（2）清理作业现场人员、障碍物，排除其他危及安全的因素后，方可起动。

（3）装载机在临时道路钢板路基箱及上下坡行驶时，必须以慢挡行进，确保安全。

（4）装载机装载路基箱夹具，夹运钢板路基箱至铺设地点，卸下，铲斗应离地面0.5 m。根据需要及时铺设钢板路基箱，确保其平整、整齐，要求路基箱连接处高低最大不超过一块钢板厚度（约0.12 m）。

（5）收集散落垃圾，确保临时道路及卸料平台无垃圾堆积。

（6）坡上作业时，上下坡度不得超过 1∶2.14（25°），横坡行驶坡度不得超过 1∶9.51（6°）。

（7）作业完毕后，将装载机停放在平坦地面上，并将铲斗落在地面上，定置停机，关闭电源，对操纵杆进行清洁、润滑后关好门窗。

（8）清理装载机车身及车轮夹杂垃圾，冲洗驾驶室内外。

4.3.2 安全驾驶

1. 起动

（1）起动前的检查

1）确保装载机周围无人员，清除行驶方向上的障碍物；注意车底下是否有修理人员存在；除驾驶员可以坐在驾驶室内进行操作外，不允许任何人站在机器的任何部位或坐在驾驶室内。

2）调节后视镜，以便有良好的后视野。

3）检查驾驶室门是否关好，安全带是否正常。

（2）起动准备

1）检查变速操纵手柄是否处在空挡位置，如果不是，请将变速操纵手柄拨到空挡位置。

2）检查变速操纵空挡锁止器是否处在锁止位置，如果处在锁止状态，请将其拔出。

3）检查先导操纵手柄是否处在中位，如果不是，请将其扳到中位。

4）检查空调系统的风量开关是否处在"自然风"位置，以及转换开关是否处在"OFF"位置，如果不是，将其拨到相应的位置。

5）将钥匙插入电锁并顺时针旋转一格，接通整车电源，鸣响喇叭，声明本机器即将起动，其他人员不得靠近本机器。

6）检查燃油油量。

（3）起动实施

1）稍微踩下油门踏板，再将钥匙继续沿顺时针方向旋转一格，接通柴油机起动马达，正常情况下发动机会在 10 s 左右起动；起动后应在低速下（600～750 r/min）进行暖机，发动机工作后应立即松手让起动电锁回位，待冷却水温度达到 55℃、机油温度达到 45℃后才允许全负荷转动。

2）低速运转中倾听发动机工作是否正常，变速箱是否有异响。

3）检查各仪表是否运行良好，各照明设备、指示灯、喇叭、雨刮器、制动灯是否能正常工作。

4）在严寒季节，应对液压油进行预热：将先导阀铲斗操纵手柄向后扳并保持 4～5 min，同时加大油门，使铲斗限位块靠在动臂上，使液压油溢流，这样液压油油温上升较快。

5）检查行车制动、停车制动系统工作是否正常。如果机器周围没有障碍物，应缓慢转动转向盘，观察机器是否有左右转向动作。

2．行驶操纵

（1）操作先导操纵阀手柄，将铲斗向后转到限位状态，将动臂提高到运输位置，即动臂下铰接点离地面距离为 0.5 m 左右。

（2）踩下行车制动踏板，同时按下停车制动器的按钮，解除停车制动，慢慢松开行车制动踏板，观察机器是否移动。

（3）检查变速操纵空挡锁止器是否处在锁止位置，如果处在锁止状态，将其拔出。

（4）将变速操纵手柄推挂到前进1挡或后退挡，同时适当地踩下油门踏板，机器即可前进或后退。

（5）将机器开到空旷平坦的场地，如果在上一阶梯操作中由于场地狭窄而未能进行转向性能检查，此时则应转动转向盘，检查机器是否能进行左右原地转向。

（6）检查行车制动性能：在空旷平坦的场地上，机器以前进1挡或前进2挡速度行走，先松开油门踏板，再平缓地踩下行车制动踏板，机器应明显地减速并最终停下。

（7）检查各挡位的接合情况：将机器开到空旷平坦的场地上，分别接合各挡位，检查机器的换挡反应情况。

（8）在机器行驶的前方出现弯道需转向时，遵守相关的交通规则进行操作。

（9）机器要制动时，应先松开油门踏板，然后平缓地踩下制动踏板，即可实施行车制动。

（10）下坡操作：在开始下坡前，选择一个合适的挡位，在下坡行驶过程中不要换挡；保持一个足够低的下坡速度，下坡行驶时应使用行车制动控制机器的行驶速度，如果在机器高速行驶时使用行车制动可能会导致制动器和驱动桥油过热，会给制动器带来严重的磨损或损坏。

（11）装着物料下坡时宜倒退行驶，上坡时则向前行驶。

3．铲装、推运作业

（1）铲装作业

1）装载机以前进 2 挡速度接近物料，以铲斗中部对准料堆，司机左手扶转向盘，右手操纵手柄将动臂下降到离地面 0.5 m 处。

2）在机器离料堆 1 m 左右时，再下降动臂，使铲斗与地面接触并且保持铲斗底部与地面平行，并由前进 2 挡变为 1 挡。

3）踩下油门踏板，使铲斗全力插入料堆，在机器无法再前进时，司机向内侧扳动一下工作装置操纵手柄，将铲斗向后转动一下，再将操纵手柄推回中位，这时机器会继续向前插入料堆，重复进行这样的插入和转斗动作，直至铲斗装满物料。

（2）物料运输作业

1）搬运时，保持动臂下铰接点在运输位置（距地面 0.5 m 左右），并且铲斗向后转到限位位置（铲斗上的限位块碰到动臂），这样可以保证搬运作业平稳安全且不易撒料。

2）搬运的车速根据搬运距离和路面条件决定，在机器越过洼坑或凸台时，应放松油门踏板，必要时使用行车制动进行"点刹"，使机器速度降下来，缓慢地越过障碍，减少对机器的冲击，并避免撒料。

（3）推运作业。铲斗平贴地面，将变速操纵手柄放在前进 1 挡，踩下油门踏板使机器向前推进，推进中如发现阻碍车前进的障碍时，可稍微提升动臂继续前进，操纵动臂升降时先导阀动臂操纵手柄应放在下降和上升之间的位置，不可扳到上升或下降其中的任一位置，以保证推运作业顺利进行。

4．安全注意事项

（1）起动马达时，起动时间不应超过 15 s，如果发动机起动失败，应立即松手让起动开关回位，30 s 以后再次起动发动机。如果机器连续三次无法起动，则应进行检查，排除故障。

（2）机器作业时，应确保无悬挂物，尽量避免物料滚动，以防导致人员伤亡。

（3）避免让铲斗处于浮动位置，防止铲斗损坏。

（4）踩下制动踏板后，若感觉不到机器明显减速，应立即拔起停车制动器的手柄，实施紧急制动，同时操作操纵手柄，将动臂下降到最低位置，并向前翻转铲斗，使铲斗斗齿或斗刃插入或顶住地面，迫使机器停下来，确保安全。

（5）严禁在斜坡上进行转向操作，应把机器驶回到平地后再完成这些操作。

（6）机器在高速行驶时，除非出现紧急情况，否则不能急剧地将制动踏板踩到底，以免制动过急，造成安全事故和机器损坏。

（7）铲斗接触地面时，应避免铲斗对地面有过大的压力，产生不必要的前进阻力，同时装载机的前后车架间不要有夹角。

（8）禁止将铲斗提到较高位置进行运输作业，否则有可能造成机器倾翻。

4.3.3　铺设作业

1．卸料平台的铺设

（1）平台设置应满足生产需要，以 1 000 t 垃圾/平台为宜。

（2）钢结构平台铺设应有职能部门的平面设计图，并按图纸铺设。

（3）平台铺设时，必须后高前平（与钢板之间），并形成 0~3° 的角度范围，左右保持水平。作业过程中发现平台倾斜，应停止生产，及时修复。每只平台前，除钢板正常道路外，倒车铺道需满足 40 t 位集卡最小转弯半径，使用不少于 8 块钢板路基箱（12 m）。平台要合理分布，保证生产畅通。切忌在倒车时，借用相邻平台，但在作业面转换 7 天内，允许两只以下平台在倒车时临时借用。

（4）相邻平行平台之间应保持不小于 20 m 的间距。

2．临时道路的铺设

（1）在临时道路铺设时，钢板横向、纵向连接必须保持整齐，钢板路基箱之间的缝口不大于 10 cm，相邻路基箱之间的高低落差不大于 5 cm。使用过程中，钢板路基箱之间的缝口不得大于 20 cm，发现过大，及时修复。

（2）钢板道路各转弯处要求水平铺设，不带有坡度，确保车辆安全行驶。

（3）钢板道路最大坡度不大于 8%。

（4）钢板道路需要有弯道时，应与坡度岔开，弯道处的钢板道路半径不小于 12 m。

（5）钢板道路的坡道长度超过 50 m 时，要求在中途铺设台阶型停车位置，长度为 20 m 左右，防止车辆起步时发生倒溜或侧滑。

（6）道路两侧建设排水通道。

（7）在卸料平台区域，钢板路两侧应设置明显的标识，如彩条布、交通锥等。

（8）设有转弯处的道路，转弯半径不少于 12 m；弯道需会车时，应增加至 26 m（12 m×2 + 2 m = 26 m），保证双向行车有安全距离，弯道过小易造成车辆前轮侧滑，特别是 40 t 以上双桥车辆，安全得不到保障。

（9）控制道路长度：临时道路应在 500 m 以内。

4.4　压实机操作规程

学习目标

掌握卫生填埋场压实机操作工的岗位职责、操作流程、安全检查等

掌握卫生填埋场压实机的起动、行驶、作业、停放、保养知识

掌握卫生填埋场压实机作业过程的注意事项

4.4.1　一般规定

1. 岗位职责

（1）持证上岗，熟知压实机的各种性能、结构、技术保养、操作方法，并按规定进行操作。

（2）严格遵守定车定人规定，严禁无证驾驶和酒后开车，自觉服从现场指挥人员指挥，严格执行作业规范。

（3）出车前必须对刹车、喇叭、转向盘、指示灯进行安全设备检查，同时做好每天例保工作。

（4）行驶之前，应检查周围环境，确保安全。

（5）严格遵守场内交通规则，严禁逆向行驶，严防碰撞事故发生。

（6）压实机工每天根据生产需要摊平、压实垃圾，保证生产作业安全畅通。

（7）须每天进行压实机清洁例保，规范作业，保持车容车貌整洁，并按规定做好运转、例保记录，按指定地点停放。

（8）做到责任到人，到岗尽职，虚心接受场部职能部门作业日常抽查、考核、评估，争做"文明职工"。

2. 作业流程

压实机作业流程如图4—4所示。

3. 安全检查

（1）各连接部位的紧固零件是否有松脱现象。

（2）柴油机冷却系统是否已加满水。

（3）柴油机油底壳是否有足够的机油，各油管接头有无松脱漏油情况。

（4）柴油箱内是否已加满柴油，各油管接头有无松脱漏油情况。

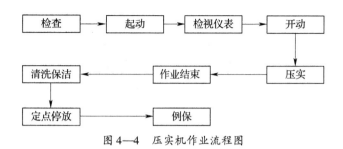

图4—4 压实机作业流程图

（5）电瓶是否荷电，柴油机起动电路接头有无松脱，检查照明设备。

（6）液压系统油箱是否加满规定标号的液压油，各油管标尺有无漏油现象。

（7）变速箱是否有足够的润滑油。

（8）如果压实机久经停放，再使用时，应检查各部件润滑油是否变质，如已变质则再更换新油，将各润滑部位加注润滑油，检查各管道有无堵塞现象。

（9）检查脚刹、刹车是否可靠。

4.4.2 安全驾驶

1. 起动

起动压实机时应按照下列次序进行：

（1）将变速操纵杆置于空挡位置。

（2）将换向操纵杆置于空挡位置。

（3）用燃油手泵排除燃油系统内的空气（详见柴油机使用保养说明书）。

（4）踏下主离合器踏板，使主离合器脱开。

（5）将油门操纵杆转至转速为 1 000 r/min 左右的位置。

（6）将电钥匙打开，转到起动位置，使柴油机起动，柴油机起动成功后，应立即释放起动钥匙，同时注意仪表读数。如果在 5 s 内未能起动，应立即释放起动钥匙，过 2 min 后再作第二次起动，如连续三次不能起动时，应停止起动，找出原因并排除故障后再行起动。

（7）在寒冷天气（气温低于 5℃）起动柴油机，用户应根据实际使用的环境温度采用相应的代替辅助起动措施，一般采取的措施如下：

1）向柴油机冷却系统内加注 80℃ 以上的热水。

2）提高机房的环境温度。

3）选用适应低温需要的柴油、机油和冷却液。

2．行驶操纵

（1）松开主离合器踏板，接上主离合器，松开手制动器。

（2）转动转向盘使转向轮做转向运动（检查框架是否被锁死）。

（3）要排挡与换向时，应脱开主离合器，再推动至排挡与换向杆上所需要的挡位与方向。

（4）压实机的一挡速度用于振动压实，不要用二挡的低油门工作，否则效率不高，影响柴油机的使用寿命。

（5）起振前将柴油机的转速增加到额定转速，压实机具有一挡速度的情况下，方可使用振动，振动最好在大油门状态下工作。

（6）变速及换向时应先将主离合器脱开。

3．安全注意事项

（1）压实机起动前应检查前后车架的锁紧装置，使之处于脱开状态。

（2）清理作业现场人员、障碍物及其他危及安全的因素后，方可起动。

（3）压实机起动后，检查仪表是否正常运行，不正常应立即停车检查。

（4）压实机在夜间或雾天工作时，必须开灯，工作场所应有照明设备。

（5）压实机起动后，应测试制动器制动效果确保可靠。

（6）压实机工作时，始终使油门放在合适位置，使压实机转速保持在额定转速以下，保持高的效率工作，不允许用调节油门的方法改变运行速度。

（7）绝对禁止压实机在坚硬路面（如混凝土路等）振动，以免损伤机件和橡胶减振器。

（8）压实机工作当中刹车时，应将主离合器踏蹬及脚制动踏蹬同时踏下制动；压实机运行时，特别是上下坡道时，不允许柴油机熄火，以免液压转向器失灵发生事故；压实机尽量不在上下坡道上换挡，若需在上下坡道上换挡时，必须在停车制动后进行，但特别注意切勿紧急制动，且压实机下坡时禁止空挡滑行；压实机成纵队时前后两压实机至少保持 5 m 以上的距离。

（9）作业完毕后，将压实机停放在平坦地面上，定置停机，关闭电源，对操纵杆进行清洁、润滑后关好门窗。

4.4.3 压实作业

1．起动发动机经试运转确认正常，且制动、转向等工作机构性能完好，压实机方可进行作业。

2. 用增加或减少配重的方法，将压实机的作业线压力调整到规定数值。

3. 作业时，操作人员应始终注意压实机的行驶方向，并遵照规定的压实工艺碾压。

4. 多台压实机联合作业时，应保持规定的队形及间隔距离，并应建立相应的联络信号。

5. 压实机在坡道上行驶时禁止换挡，禁止脱挡滑行。

6. 必须在规定的碾压段外转向，应平稳地改变运行方向，不允许压实机在惯性滚动的状态下变换方向。

本章测试题

一、判断题（下列判断正确的请打"√"，错误的打"×"）

1. 压实机起动前应检查前后车架的锁紧装置，使之处于锁紧状态。　　　（　　）

2. 压实机作业前，起动发动机经试运转确认正常，且制动、转向等工作机构性能完好，压实机方可进行作业。　　　（　　）

3. 压实机在坡道上行驶时禁止换挡，应该脱挡滑行。　　　（　　）

4. 压实机的行驶操纵次序依次为：松开主离合器踏板，接上主离合器，松开手制动器。　　　（　　）

5. 压实机要排挡与换向时，应脱开主离合器，再推动至排挡与换向杆上所需要的挡位与方向相反的方向。　　　（　　）

6. 压实机起动过程中，将电钥匙打开，转到起动位置，使柴油机起动，柴油机起动成功后，应立即释放起动钥匙，同时注意仪表读数。　　　（　　）

7. 压实机在作业变速及换向时应先将主离合器脱开。　　　（　　）

8. 垃圾压实作业需做到责任到人，到岗尽职，压实机工需虚心接受场部职能部门作业日常抽查、考核、评估。　　　（　　）

9. 垃圾压实机开动前应对所有仪表进行详细检视，以保证压实机的安全开动。
　　　（　　）

10. 压实机安全检查中，柴油机冷却系统的冷却水不必加满。　　　（　　）

11. 如果压实机久经停放，再使用时，应检查各部件润滑油是否变质，如已变质则再更换新油，将各润滑部位加注润滑油，检查各管道有无堵塞现象。　　　（　　）

12. 相邻平行平台之间应保持不小于 30 m 的间距。　　　（　　）

13．钢板道路的坡道长度超过 50 m 时，要求在中途铺设台阶型停车位置，长度为 25 m 左右，防止车辆起步时发生倒溜或侧滑。（　　）

14．钢板道路需要有弯道时，与坡度岔开，弯道处的钢板道路半径不小于 12 m。（　　）

15．装载机作业时，应确保无悬挂物，尽量避免物料滚动，以防导致人员伤亡。（　　）

16．装载机物料运输作业时，应保持动臂下铰接点在运输位置（距地面 0.5 m 左右），并且铲斗向后转到限位位置（铲斗上的限位块碰到动臂），这样可以保证搬运作业平稳安全且不易撒料。（　　）

17．装载机在推运作业时，铲斗平贴地面，将变速操纵手柄放在前进 2 挡。（　　）

18．装着物料下坡时宜倒退行驶，上坡时则向前行驶。（　　）

19．装载机在起动准备过程中，如果发现变速操纵手柄处在空挡位置，应将其拨到 1 挡位置。（　　）

20．装载机起动前应清理装载机周围的人员，清除行驶方向上的障碍物；注意车底下是否有修理人员存在；除司机可以坐在驾驶室内进行操作外，不允许任何人站在机器的任何部位或坐在驾驶室内。（　　）

21．装载机在横坡行驶时，坡度不得超过 5°。（　　）

22．作业完毕后应将装载机停放在平坦地面上，并将铲斗落在地面上，定置停机，关闭电源，对操纵杆进行清洁、润滑后关好门窗。（　　）

23．装载机工每天根据生产需要铺设平台和隔堤道路，路基箱铺设要平整，并经常修复高低不平的路基箱，保证生产作业道路畅通。（　　）

24．挖掘机在坡上作业时，必须沿坡纵向行驶，尽量避免横坡行驶，防止侧翻。（　　）

25．装载机工应严格遵守定车定人规定，严禁无证驾驶和酒后开车。（　　）

26．挖掘机在平台下挖掘垃圾时，必须确保卸料平台无车辆卸料。（　　）

27．在发动机起动和工作中，应经常注意各仪表读数，注意发动机及各传动部位有无异常响声和气味，如发现故障，立即停车，排除故障后方可继续工作。（　　）

28．当挖掘机一侧履带陷入泥中时，应用铲斗抬起履带，然后垫上木板或圆木，把机器驶出，如果必要，铲斗下面也可放上木板。（　　）

29．挖掘机在水中行驶时，水深不能超过托轮中心线。（　　）

30. 当在坡度超过 1∶3.73（15°）的陡坡下坡行走时，要将工作装置升离地面 0.3～0.4 m，并降低发动机转速。 （　　）

31. 挖掘机发动机起动后，当机油压力监控器指示灯还亮时，可以操作工作装置操纵杆和行走踏板。 （　　）

32. 挖掘机作业前，应检查挖掘机各部位有无漏水、漏油、漏气现象，若有，则应找出原因并排除。 （　　）

33. 挖掘机在作业前，应先检查其技术状态，确保技术状态良好方可起动。

（　　）

34. 每天需做好设备的例保工作，保持车容车貌整洁，并按规定做好运转、例保记录，按指定位置停放。 （　　）

35. 挖机工离开驾驶位置时，必须将铲斗落地，发动机熄火，电源切断。 （　　）

36. 挖机工没有责任与推土机一起完成单元内钢板路基箱和平台的底基构筑。

（　　）

37. 压实作业时，为防止履带脱落和转向离合器断裂，行驶时可以90°急转弯。

（　　）

38. 压实作业中，行驶挡位保持 1 挡，前进和倒车时车速小于 5 km/h。 （　　）

39. 推土机作业时，为提高作业效率，作业时不可与其他机械协调作业，以免影响作业效率。 （　　）

40. 推土机在平台下推铺垃圾时，必须看清卸料平台是否有车即将倾倒垃圾，在确保安全情况下进行作业。 （　　）

41. 推土机开动时，驾驶室内禁止堆放任何物体，严禁带人进入驾驶室，以免影响操作而造成事故；行驶过程中，可以上下车。 （　　）

42. 推土机工离开机器时，须确保工作装置完全降至地面，安全操纵杆置于锁定位置，引擎处于关闭状态，所有装置锁住，钥匙随身携带。 （　　）

43. 场地作最后平整时，可将推土操纵杆推到最外侧，使铲刀处于"浮动"状态，并与地面接触，操纵推土机前进行驶。 （　　）

44. 如果柴油机已经熄火，需要重新起动时，则应先作铲推作业相反的运动，排除过载，再继续前进。 （　　）

45. 推土机作业运距以 40 m 左右最为经济。 （　　）

46. 在一个工作循环中，推土机必须每次都退回到作业面起点，直到完成作业。

（　　）

47. 推土机在水中行驶时，应使托链轮露出水面，以免柴油机风扇搅溅水花。
（　　）

48. 推土机在前进下坡时，可以将主离合器或变矩器脱开。　　　（　　）

49. 推土机在斜坡上行驶时，应避免大角度坡行，尤其避免横向大角度坡行。
（　　）

50. 推土机转向时，可以高速原地转向。　　　　　　　　　　（　　）

51. 推土机完成作业后，应停放在低洼处或地槽区域。　　　　（　　）

52. 推土机工在作业前，应先检查推土机技术状态，确保技术状态良好方可起动。
（　　）

53. 推土机工在作业时，对影响生产及质量、危及设备或人身安全的违章作业指挥，无权拒绝执行，必须全力配合。　　　　　　　　　　　（　　）

54. 推土机工需持证上岗，熟知推土机的主要性能、基本结构、技术保养、操作方法，并按规定进行操作。　　　　　　　　　　　　　　　（　　）

二、单项选择题（下列每题的选项中，只有 1 个是正确的，请将其代号填在括号中）

1. 推土机工在工作过程中，必须树立"（　　）"的思想，确保人身、设备安全，不得在填埋作业区现场吸烟，不得在驾驶室内吸烟，不得酒后驾车。

A. 质量第一　　　　B. 安全第一　　　C. 速度第一　　　　D. 安全与质量并重

2. 推土机工每天应做好设备的日常保养、检修、维护工作，做好设备使用的日常记录，如发现设备故障，应该（　　）。

A. 继续使用　　　B. 自己拆卸维修　　C. 及时保修　　　D. 离岗休息

3. 推土机的作业流程为：检查、起动、（　　）、开动、推铺压实作业、作业结束、清洗保洁、定点停放、例保。

A. 检查发动机　　B. 检查传动系统　C. 检视仪表　　　D. 检视液压系统

4. 推土机作业结束后的工作流程为（　　）。

A. 清洗保洁、例保、定点停放　　　　B. 清洗保洁、定点停放、例保

C. 例保、清洗保洁、定点停放　　　　D. 定点停放、清洗保洁、例保

5. 推土机作业前的安全检查中，发动机要进行燃油、润滑油、（　　）等方面的检查。

A. 冷却水　　　　　B. 电路　　　　　C. 灰尘指示器　　　D. 制动踏板行程

6. 推土机作业前的安全检查中，要对发动机、传动系统、（　　）和液压系统等各部位分别进行检视和加油。

A. 空调系统　　　　B. 制动系统　　　　C. 照明设备　　　　D. 推土装置

7. 推土机工上下推土机时，应（　　　）。

A. 不抓扶手，快速上车　　　　　　　B. 从车窗爬入

C. 脚踏履带位置跳上车　　　　　　　D. 抓好扶手，防止摔倒

8. 推土机起步时，应将推土机操纵杆拉到"上升"位置，使铲刀提升到距地面（　　）的高度，然后将操纵杆推到中间"封闭"位置。

A. 0.3～0.4 m　　B. 0.4～0.5 m　　C. 0.5～0.6 m　　D. 0.6～0.7 m

9. 当推土机变速时，由于花键相碰不能挂上所要求挡位时，应先将变速操纵杆放回"（　　）"位置，然后微微拉动主离合器或变矩器操纵杆，使花键的相对位置改变，然后再行挂挡。

A. 空挡　　　　B. 1 挡　　　　C. 2 挡　　　　D. 3 挡

10. 推土机变速与进退时，应将主离合器或变矩器操纵杆推向"（　　）"位置。

A. 制动　　　　B. 半离合　　　　C. 离合　　　　D. 以上选项均不对

11. 推土机转向完成后，恢复直线行驶的操作顺序与转向时的操作顺序（　　）。

A. 相同　　　　B. 相近　　　　C. 相反　　　　D. 相当

12. 推土机在下坡过程中，由于陡坡上推土机本身有重量而容易产生下滑的趋势，所以，拉转向操纵手柄与踩下制动踏板之间的时间间隔（　　）。

A. 尽可能长　　B. 为 10 s　　C. 不宜太长　　D. 视情况而定

13. 推土机在陡坡上前进上坡时，柴油机油门操纵杆应放到（　　）位置上，变速操纵杆应放在（　　）挡位置上。

A. 大开度、高速　　　　　　　　B. 大开度、低速

C. 小开度、高速　　　　　　　　D. 小开度、低速

14. 推土机在不平坦路上行驶时，尽可能选用（　　）挡位行驶，避免紧急、频繁回转。

A. 高速　　　　B. 低速　　　　C. 中速　　　　D. ABC 选项均可

15. 推土机在不平坦路上行驶时，铲刀不宜提得过高，一般情况离地面约（　　）即可。

A. 0.4 m　　　　B. 0.5 m　　　　C. 0.6 m　　　　D. 0.8 m

16. 推土机在岩石路面上行驶时，应将履带张得（　　），以求履带板磨损减轻。

A. 稍紧　　　　B. 最紧　　　　C. 松弛　　　　D. 很紧

17. 推土机在铲掘作业中，发现推土机突然前倾，或柴油机超载声音沉重，可

（　　），以恢复其正常工作。

　　A. 降低铲刀　　　　B. 减小油门　　　　C. 加大油门　　　　D. 提升铲刀

　　18. 推土机作业时，可根据需要，调整斜撑杆长短，使铲刀在垂直面上成（　　）倾斜角。

　　A. 最小　　　　B. 30°　　　　C. 最大　　　　D. 所需要的

　　19. 推土机在进行场地平整等作业时，除了铲掘、运送外，还需要将铲刀前的垃圾等以（　　）缓慢铺设。

　　A. 高速　　　　B. 低速　　　　C. 中速　　　　D. ABC 选项均可

　　20. 推土机在铲推作业中，遇到大阻力不能前进时，应立即（　　）。

　　A. 停止铲推，调整铲推量　　　　　　B. 维持铲推量，强行铲推

　　C. 加大铲推量，继续铲推　　　　　　D. ABC 均不对

　　21. 推土机坡行角度，纵向行驶坡度不大于（　　），横向行驶坡度不大于（　　），应尽量避免横坡行驶，以防发生侧翻事故。

　　A. 30°，10°　　　　B. 30°，30°　　　　C. 10°，30°　　　　D. 10°，10°

　　22. 两台推土机在同一区域作业时，前后应大于（　　）倍机身距离，左右应大于（　　）倍机身距离。

　　A. 1，1　　　　B. 2，1　　　　C. 1，2　　　　D. 2，2

　　23. 推铺作业中，应确保作业面满铺，边缘成自然坡度，坡度小于（　　）。

　　A. 1:2　　　　B. 1:3　　　　C. 1:5　　　　D. 1:6

　　24. 推铺作业时，推土机铲刀保持与地面0.3~0.5 m 距离，确保摊铺均匀，作业面坡度保持约（　　）。

　　A. 1:1　　　　B. 1:100　　　　C. 1:1 000　　　　D. 1:10

　　25. 压实作业时，压实距离控制为作业面内（　　）范围内。

　　A. 25 m×30 m　　B. 25 m×25 m　　C. 30 m×30 m　　D. 20 m×30 m

　　26. 压实作业中，推铺厚度约（　　）m 时，推土机开始压实作业。

　　A. 0.4　　　　B. 0.5　　　　C. 0.6　　　　D. 0.7

　　27. 挖机工需做好（　　）工作，保证作业单元无任何积水，并做好单元周围5 m内挖沟和旁边的整平和斜面工作。

　　A. 摊铺压实　　　　B. 道路修复　　　　C. 开沟排水　　　　D. 清理杂物

　　28. 挖掘机的起动流程为：例保、（　　）、起动。

　　A. 开动　　　　B. 仪表检视　　　　C. 开机　　　　D. 保洁

29. 挖掘机作业前的安全检查中，对灰尘指示器的检查应为（　　）。

A. 普通外观检查 　　　　　　　　B. 详细外观检查

C. 检查及清理滤芯 　　　　　　　D. 检查及清理除滤芯以外设备

30. 挖掘机作业前，应检查发动机周围有无垃圾，防止（　　），导致安全事故。

A. 垃圾堵塞挖掘机履带 　　　　　B. 可燃垃圾受热燃烧

C. 垃圾被吸入发动机 　　　　　　D. ABC 均不对

31. 挖掘机起动前应检查下部车体有无损坏、磨损，其中"下部车体"包括
（　　）。

A. 履带、链轮、引导轮、护罩 　　B. 履带、链轮、引导轮

C. 履带、引导轮、护罩 　　　　　D. 履带、链轮、护罩

32. 当挖掘机在障碍物（如砾石、树桩）上行走时，机器（特别是下部车体）会
经受很大的冲击，因此要（　　）行走速度，并使履带的中心跨越障碍物。

A. 降低 　　　　B. 升高 　　　　C. 保持 　　　　D. 视情况而定

33. 当挖掘机在挖宽沟时，挖沟步骤为（　　）。

A. 首先挖出两侧，再挖中心部分 　B. 首先要挖出中心部分，再挖两侧部分

C. 中心、两侧同时挖 　　　　　　D. 先挖哪部分都行

34. 挖掘机在挖沟作业前，安装的铲斗宽度应（　　）。

A. 比沟宽稍大 　　　　　　　　　B. 与沟宽相匹配

C. 比沟宽稍小 　　　　　　　　　D. ABC 均不对

35. 当挖掘机上下坡时，保持铲斗距地面（　　）低速行驶。

A. 0.1～0.2 m 　　B. 贴着地面 　　C. 0.2～0.3 m 　　D. 0.3～0.4 m

36. 挖掘机行驶时，须将铲斗和斗柄的液压缸活塞杆全部伸出，使铲斗斗柄和动
臂紧靠，臂杆应与履带平行，并制动回转机构，铲斗离地不小于（　　）m。

A. 0.1 　　　　　B. 0.5 　　　　　C. 0.8 　　　　　D. 1

37. 挖掘机挖掘作业时，挖掘深度应控制在（　　）m，表面整平，达到表面无
明显凹凸。

A. 2 　　　　　　B. 3 　　　　　　C. 4 　　　　　　D. 5

38. 挖掘机在坡上作业时，坡度应不超过（　　）。

A. 15° 　　　　　B. 20° 　　　　　C. 25° 　　　　　D. 30°

39. 挖掘机在修坡作业时，要求坡面平整，坡度要求为（　　）。

A. 1:2 　　　　　B. 1:3 　　　　　C. 1:4 　　　　　D. 1:5

40. 装载机装载路基箱夹具，夹运钢板路基箱至铺设地点，卸下，铲斗离地面距离应为（　　）m。

A. 0.1　　　　　B. 0.5　　　　　C. 0.8　　　　　D. 1

41. 在严寒季节起动装载机时，应对液压油进行预热，将先导阀铲斗操纵手柄向后扳，并保持（　　）min，同时加大油门，使铲斗限位块靠在动臂上，使液压油溢流，这样液压油油温上升较快。

A. 2~3　　　　　B. 3~4　　　　　C. 4~5　　　　　D. 5~10

42. 装载机要制动时，应先（　　），即可实施行车制动。

A. 松开油门踏板，然后迅速地踩下制动踏板

B. 松开油门踏板，然后平缓地踩下制动踏板

C. 平缓地踩下制动踏板，然后迅速松开油门

D. 平缓地踩下制动踏板，然后平缓地松开油门

43. 装载机铲装作业时，在机器离料堆1m左右，再下降动臂，使铲斗与地面接触并且保持铲斗底部与地面平行，并（　　）。

A. 由前进2挡变为1挡　　　　　　B. 由前进1挡变为2挡

C. 保持前进2挡不变　　　　　　　D. 保持前进1挡不变

44. 起动马达时，起动时间不应超过15s，如果发动机起动失败，应立即松手让起动开关回位，30s以后再次起动发动机。如果机器连续（　　）次无法起动，则应进行检查，排除故障。

A. 2　　　　　　B. 3　　　　　　C. 4　　　　　　D. 5

45. 卸料平台铺设时，必须后高前平（与钢板之间），并形成（　　）°的角度范围，左右保持水平。

A. 0~1　　　　　B. 0~2　　　　　C. 0~3　　　　　D. 0~5

46. 压实机工每天根据生产需要（　　）垃圾，保证生产作业安全畅通。

A. 吊装、压实　　　　　　　　　　B. 摊平、压实

C. 摊平、吊装　　　　　　　　　　D. 转运、吊装

47. 在寒冷天气（气温低于5℃）起动压实机柴油机时，一般采取的辅助措施不包括（　　）。

A. 向柴油机冷却系统内加注80℃以上的热水

B. 提高机房的环境温度

C. 选用适应低温需要的柴油、机油和冷却液

D. 直接对柴油机外表面加热

48. 压实机压实过程中，一般用（   ）挡速度用于压实，否则效率不高，影响柴油机的使用寿命。

A. 1　　　　　　　B. 2　　　　　　　C. 3　　　　　　　D. ABC 均不对

49. 压实机下坡时允许（   ）。

A. 空挡滑行　　　B. 熄火　　　　　C. 换挡　　　　　D. 停车制动

本章测试题答案

一、判断题

1. ×	2. √	3. ×	4. √	5. ×	6. √	7. √	8. √
9. √	10. ×	11. √	12. ×	13. ×	14. √	15. √	16. √
17. ×	18. √	19. ×	20. √	21. ×	22. √	23. √	24. √
25. √	26. √	27. √	28. ×	29. √	30. ×	31. ×	32. √
33. √	34. √	35. √	36. ×	37. √	38. ×	39. ×	40. √
41. ×	42. √	43. ×	44. √	45. ×	46. ×	47. √	48. ×
49. √	50. ×	51. ×	52. √	53. ×	54. √		

二、单项选择题

1. B	2. C	3. C	4. B	5. A	6. D	7. D	8. B
9. A	10. C	11. C	12. C	13. B	14. B	15. A	16. A
17. D	18. D	19. B	20. A	21. A	22. B	23. C	24. B
25. A	26. B	27. C	28. C	29. C	30. B	31. A	32. A
33. A	34. B	35. C	36. D	37. C	38. C	39. B	40. B
41. C	42. B	43. A	44. B	45. C	46. B	47. D	48. A
49. D							

第 **5** 章

填埋主要设备基础保养

5.1 推土机

学习目标

熟悉推土机起动前、停机后的例行保养工作
熟悉推土机的定期、不定期保养工作

5.1.1 例行保养

1. 起动前检查工作

（1）作业前检查推土机技术状态，确保技术状态良好方可起动。

（2）检查推土机各部位有无漏水、漏油、漏电现象，若有，则应找出原因并排除。

（3）检查易发生松动部位的螺栓、螺母的紧固程度，必要时应再拧紧。

（4）检查电线有无损坏、短路，端子是否松动。

（5）检查冷却水位，注意及时添加。

（6）检查发动机油底壳油位。

（7）检查燃油油位。

（8）检查转向离合器箱油位（包括变速箱、变矩器）。

（9）检查制动踏板行程。

（10）检查发动机周围有无垃圾，防止可燃垃圾受热燃烧，导致安全事故。

（11）行驶之前，应检查周围是否安全。

2．停机后检查工作

（1）将推土机挪离低洼处或地槽（沟）边缘后停放在平地上，关闭门窗并锁住。

（2）清理推土机履带夹杂垃圾，润滑车辆，冲洗驾驶室内外，做到驾驶室内干净、整洁，保持车身表面清洁，养成工作结束后擦车的习惯。同时，推土机操作人员必须做好设备使用中的每日交底记录，发现问题及时汇报修理，配合维修人员工作。

3．例行保养记录

（1）冷却水的检查和添加。

（2）油底壳油位的检查和添加。

（3）三漏（有无漏水、漏油、漏电）的检查和排除。

（4）各部件的检查和紧固。

（5）燃油量的检查和补充。

（6）打开排污阀放掉燃油箱内的水和污物。

（7）制动系统的检查。

（8）填写例行保养检查表，见表5—1。

表5—1　　　　　　　　　　例行保养检查表

序号	保养项目	保养内容	保养结果
1	检查漏油、漏水、漏电	检查	
2	检查螺栓、螺母	检查及拧紧	
3	检查电路	检查及拧紧	
4	检查冷却水位	检查及补充	
5	检查发动机油底壳油位	检查及补充	
6	检查燃油油位	检查及补充	
7	检查转向离合器油位	检查及补充	
8	燃油箱排出杂质	放出水及沉积物	
9	检查灰尘指示器	检查及清理空气滤清器	
10	检查制动踏板行程	检查及调整	
11	其他		

推土机工（签名）：　　　　　　　　　　　　　　　　日期：

5.1.2 一级保养

1. 最初 250 h 保养

机器在运行最初 250 h 以后，下列部件应进行保养：

（1）燃油滤清器。

（2）转向离合器箱（包括变速箱和变矩器）。

（3）工作油箱及滤清器。

（4）终传动箱。

关于更换和保养方法，详见"每 500 h 保养""每 1 000 h 保养"和"每 2 000 h 保养"。

2. 每 250 h 保养

（1）润滑：加注黄油到以下 1）~8）部件的黄油嘴中。

1）风扇带轮 1 处。

2）张紧轮及张紧轮托架 2 处。

3）撑杆 1 处，直倾铲 1 处，角铲 2 处。

4）液压缸支架 4 处。

5）倾斜液压缸球铰（直倾铲）1 处。

6）支撑臂球铰（直倾铲）1 处。

7）斜臂球铰（直倾铲）2 处。

8）推土铲液压缸接头加润滑脂 2 处。

（2）发动机油底壳和滤清器

拆下安装在机体下部的盖板，卸下放油塞，松开排油阀，排油后拧紧排油阀和放油塞。

用滤清器扳手，逆时针方向旋转卸下机油滤清器和旁通机油滤清器的滤筒。将新的机油滤筒和旁通机油滤筒注满机油，在密封垫上涂上少量机油，拧在滤清器座上，当密封垫接触密封面后，再拧 3/4 ~ 1 圈。在更换滤筒后，加入机油，然后让发动机怠速运转一会，再检测油位。

使用润滑油型号取决于环境温度，每 6 个月换油一次。在安装滤清器滤筒前，必须将机油注入滤筒。

（3）变速滤油器和转向滤油器。如图 5—1 所示，拆下螺栓（件 1），把盖（件 2）提起，并将滤芯和阀连同盖一起取出，卸下拧紧阀的蝶形螺母（件 4），从滤油器中取出滤芯（件 3），清洗壳体内部和拆下的零件，并在滤油器中装新滤芯。

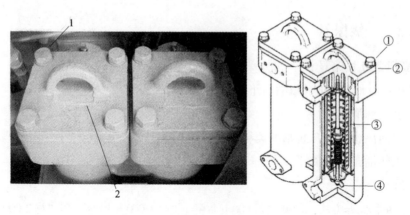

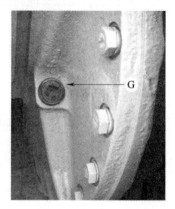

图 5—1　变速滤油器和转向滤油器

1—螺栓　2—盖　3—滤芯　4—蝶形螺母

（4）终传动箱。如图 5—2 所示，卸下塞（件 G），如果发现油未能加到靠近塞孔底边，则应通过塞孔加入润滑油，使用的润滑油取决于环境温度；保养时，应将车辆停放在水平地面上。

（5）工作油箱。如图 5—3 所示，将铲刀水平放置在地面上，停止发动机，待 5 min 后检查油位，如油位不在目视窗（件 G）中顶部和底部之间，应通过加油口（件 F）将液压油补充到油箱中。

警告：当油温高时，不得卸下盖，避免热油喷出；卸盖时，应慢慢地转动盖，以缓慢释放内部压力；发动机起动前应作常规检查。

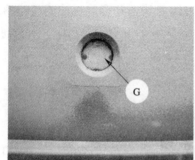

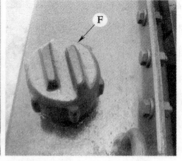

图 5—2　终传动箱

G—塞

图 5—3　工作油箱

G—目视窗　F—加油口

（6）发电机驱动带。按图5—4中箭头方向，以约60 N力可按下10 mm带作为标准，否则应予以调整，并应检查带是否损坏。当因带拉长而无法再调整，或有伤痕和龟裂时，应更换新皮带，注意两根带应同时更换，新皮带装上后应试运转1 h后再进行检查和调整。不允许V形带与V形槽底部接触。

（7）水泵驱动带。如图5—5所示，检查和调整方法与发电机驱动带相同。

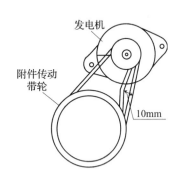

图5—4　发电机驱动带　　　　　　　图5—5　水泵驱动带

（8）蓄电池电解液。若蓄电池液位低于规定液位（即高出极限10～12 mm），则应加蒸馏水；如电解液因溢出而减少，用同样浓度的稀硫酸注入蓄电池；检查液位时应清理蓄电池盖上的通气孔；加液时不要使用金属漏斗。

警告：为避免气体爆炸，不得将火或火星带至蓄电池附近；如电解液溅落在皮肤或衣服上，应立即用大量清水冲洗。

（9）燃油箱排出杂质及水。如图5—6所示，打开后盖，松开燃油箱底部阀门，排出水及杂质。

3．每500 h保养

除以下保养项目外，同时应进行每250 h保养。

（1）燃油滤清器。关闭燃油箱底部的阀（见图5—6），用滤清器扳手将燃油滤清器滤筒卸掉（见图5—7）。向新滤筒中注满干净的燃油，并在密封垫上涂少量机油。安装滤筒用手拧紧，直到密封垫接触到滤清器座为止，然后再拧紧1/2～3/4圈（注意不要拧得过紧）。

（2）通气帽。卸下通气帽，用柴油冲洗掉积存在内部的灰尘，包括转向离合器箱1处和终传动箱2处。

（3）风扇带。检查V形带，若存在下列情况，则更换V形带：当V形带和带轮的

图 5—6　燃油箱阀门

图 5—7　燃油滤清器滤筒

槽底接触时；当 V 形带磨损，且它的表面低于带轮的外径时；当 V 形带有裂纹和脱皮现象时。关于更换步骤详情，参考"不定期保养"中相关步骤。

4．每 1 000 h 保养

除以下保养项目外，同时应进行每 250 h 保养和每 500 h 保养。

（1）润滑：加注黄油到以下 1）~ 3）部件的黄油嘴中

1）万向节 8 处。

2）半轴瓦加润滑脂（见图 5—8）2 处。

3）引导轮张紧液压缸（见图 5—9）2 处。

图 5—8　半轴瓦

图 5—9　引导轮张紧液压缸

（2）水箱散热片。如图 5—10 所示，松开水箱护栅的螺栓，并打开护栅；用压缩空气吹掉水箱散热片上的泥土、灰尘或落叶等杂物，也可用蒸汽或水代替压缩空气；检查水箱胶管是否有裂纹或脆化，必要时予以更换，并检查胶管卡箍是否松动。

（3）转向离合器箱（包括锥齿轮箱）和变速箱

拧下变速箱壳体上的放油塞，放出旧机油后拧紧；拧下变矩器壳体上的放油塞，放出旧机油后拧紧；经变速箱加油口，加入机油至规定油位。

如图 5—11 箭头所示，卸下机体下部的排油塞排油，排油后再拧紧排油塞。

图 5—10　水箱散热片

图 5—11　排油塞

卸下左侧螺栓盖、转向离合器粗滤器和磁铁；松开螺栓，将变矩器粗滤器和盖一起卸下；清洗壳体内部、粗滤器和其他拆下的零件之后，应将它们重新装入合适的位置；如果粗滤器破损，应更换新的粗滤器。

在更换变速、转向滤油器滤芯之后（参考"每 250 h 保养"），通过加油口加入规定量的机油，如图 5—12 所示，添加油量为 90 L，使用的润滑油类型取决于环境温度。

（4）终传动箱。如图 5—13 所示，从机体两侧卸下加油塞，然后卸下排油塞放油；放油后，拧紧排油塞；通过加油塞，再注入规定量的机油（参考"每 250 h 保养"）。所用润滑油类型取决于环境温度，每侧添加油量为 51 L（SD22R）。

图 5—12　机油加油口

图 5—13　终传动箱

（5）工作油箱和滤清器。如图 5—14 所示，卸下油箱底部排油塞，松开排油阀，排油后，拧紧阀和排油塞；卸下螺栓、盖和滤芯，清洗拆下的零件和滤清器内部，并装上新的滤芯；通过加油口（F）注入规定量的液压油（参考"每 250 h 保养"），添加油量为 58 L，所用润滑油类型取决于环境温度。

 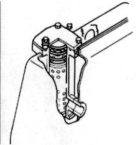 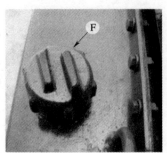

图5—14　工作油箱

F—加油口

（6）行走部分。将车辆停放在水平地面上，逐个检查支重轮、托轮、引导轮中油的消耗情况：缓慢拧松密封螺栓，看油是否从螺纹中渗出，如有油渗出，则油量充足，应立即将螺栓拧紧，如果在密封螺栓完全卸下后油还不流出，则油量不足。

（7）防腐蚀器（水滤芯）。关闭防腐蚀器进、出水阀门；用滤清器扳手逆时针方向旋转，以拆下防腐蚀器滤筒；在密封面上涂少量机油，换上新元件，安装时，在密封面与盖接触后再拧紧 1/2 ～ 3/4 圈（不要拧得过紧）；更换完毕后，打开阀门。

5. 每2 000 h保养

除以下保养项目外，同时应进行每250 h保养、每500 h保养和每1 000 h保养。

（1）润滑：加注黄油到以下1）～2）部件的黄油嘴中

1）平衡梁轴1处。

2）制动踏板轴5处。

（2）涡轮增压器。黏附在涡轮增压器压泵轮上的过多油泥可能会影响涡轮增压器的正常性能，有时还会使涡轮增压器损坏，故需进行必要的检查或清理，注意不要使用钢丝刷或类似物，以防损坏泵轮表面。

（3）气门间隙。检查气门间隙，需要使用专用工具。

6. 每4 000 h保养

除以下保养项目外，同时应进行每250 h保养、每500 h保养、每1 000 h保养和每2 000 h保养。

（1）水泵。检查带轮有无松动，黄油或水有无泄漏，如果有的话，需修理或更换水泵。

（2）风扇带轮和张紧轮。检查轮子是否松动，黄油有无泄漏，如果有的话，需修理或更换相应部件。

7. 不定期保养

以下项目视情况需要，随时进行检查和保养。

（1）空气滤清器

1）检查：如果监控器的空气滤芯监视灯闪亮，就应清理空气滤清器的滤芯，清理时应停止发动机。

2）清理或更换外滤芯：如图5—15所示，拆下翼形螺母和外滤芯，清理空气滤清器壳体内部；清理并检查外滤芯（清理方法参见"外滤芯清理方法"），外滤芯每清理一次即撕去内芯标牌上的一个字码片，装好清理过的外滤芯元件；密封垫圈②或翼形螺母①损坏时，要加以更换；检查内滤芯安装螺母是否松动，如果松动应将其拧紧。

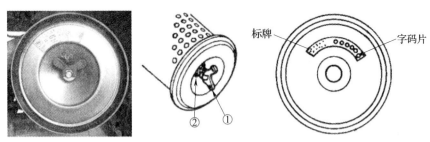

图5—15　空气滤清器

1—翼形螺母　2—密封垫圈

3）更换内滤芯（外滤芯清理6次时或内滤芯损坏时）：首先拆下外滤芯，然后拆下内滤芯，盖好空气进口；清理空气滤清器壳体内部，将进气口盖拿下来；将新的内滤芯装到接头上，然后用螺母拧紧，最后装上外滤芯。

注意：清理了6次或使用满1年的外滤芯应加以更换，同时也要更换内滤芯；不要在发动机运转时清理或更换空气滤清器的滤芯；不要试图将内滤芯清理后重新使用。

4）外滤芯的清理方法

①使用压缩空气清洗：用干燥的压缩空气（压强小于0.7 MPa）由内部直接沿着褶层吹拂滤芯内部，再由外部沿着褶层直接吹拂，然后再反复吹拂内侧，最后检查滤芯是否吹净。

注意：当使用压缩空气时，要佩戴安全眼镜和携带能保证安全的其他物品。

②使用水冲洗：使用自来水（压强小于0.3 MPa）沿着滤芯内侧褶层冲洗，然后沿着外侧褶层冲洗，这样反复进行冲洗，干燥后检查。

③使用清洗剂清洗：为除去滤芯上的油脂污染以及炭灰等，可以浸入加有中性清洗剂的温水溶液中清洗，然后用清水漂干净，干燥后检查；使用干燥的压缩空气（压强小于0.7 MPa）从内侧到外侧加以反复吹拂，可以加快干燥，但不能用加热烘干；用温水（约40℃）代替清洗剂清洗，也很有效。

在清洗和干燥后，使用电灯垂入外滤芯内部照明检查，如发现有小孔或有部分已经很薄时，要更换外滤芯；如外滤芯还可以使用，去尘后应保管在干燥场所；清洗外滤芯时，不能用其他物体敲打或撞击；不能使用褶层疏密不均、有变形或密封垫损坏的外滤芯。

（2）清洗冷却系统内部

按照表5—2，清洗冷却系统内部，更换冷却液和防腐器。清洗或更换冷却液时，将机器停放在水平地面上。尽量使用永久型防冻剂，如没有永久型防冻剂，应用含乙二醇基的防冻剂。清洗后必须更换防腐蚀器滤筒（水滤芯）。冷却水一定要用城市自来水，冷却水添加防冻剂的比例，应参照本地区以往的最低温度，根据表5—3决定其比例，确定混合比时，取比估计温度低10℃左右的温度比较好。

表5—2 冷却系统清洗对照表

防冻剂类型	清洗冷却液内部和更换冷却剂时间	更换防腐蚀器时间
永久型防冻剂（适用于所有季节）	每年（秋天）或每2 000 h进行（按先到者计算）	每1 000 h保养时或清洗冷却系统内部时或更换冷却液时进行
非永久型防冻剂（包括乙二醇基，仅适用于冬天一个季节）	每6个月（春季、秋季），春季排放防冻液，秋季添加防冻液	
不用防冻剂	每6个月或每1 000 h（按先到者计算）	

表5—3 水和防冻剂混合比例对照表

最低环境温度（℃）	−5	−10	−15	−20
防冻剂量（L）	18.5	24	29	33
水量（L）	60.5	55	50	46

使发动机熄火，关闭防腐蚀器进出水阀。卸水箱盖时，要慢慢转动水箱盖，使压力得以缓慢释放，直至拧开。

注意：防冻剂易燃，应远离火源；如水温高，则不要卸盖，因为热水可能会喷出。

关闭放水阀和油冷器两端的放水阀，并注入清水（城市自来水），直至水到加水口边缘为止。当水达到加水口边缘时，应使发动机怠速运转，打开放水阀和油冷器两端的放水阀，同时继续往水箱注入清水，直到清洁水从放水阀中连续流出10 min后为止。放水时应调整水流大小，使加入的水和排出的水等量，并使水箱始终保持满水。

清洗后，使发动机停止运转。打开放水阀和油冷器两端的放水阀把水放掉之后，关闭放水阀和油冷器两端的放水阀。

使用市场上买到的清洁剂清洗冷却系统，应遵守清洁剂的使用说明。

清洗冷却系统后，排尽全部水，然后关闭放水阀，慢慢注入清水（城市自来水），直至加水口边缘有水。当水达到加水口边缘时，应使发动机怠速运转，打开放水阀，同时继续向水箱中注入清水，直到清水从放水阀流出。

放水时应调整水流，使加入的水和排出的水等量，并使水箱始终保持满水。当水完全变得清洁时，停止发动机运转，关闭所有放水阀，更换防腐蚀器滤筒，并打开其进出水阀（关于更换防腐蚀器，详见"每 1 000 h 保养"）。

加水，直至水从加水口溢出。使发动机怠速运转 5 min，然后再中速运转 5 min，以便排除积存在冷却系统中的空气（操作时，水箱盖应掀开）。然后使发动机停转，等待 3 min，补充冷却水直到达到规定水位，然后将盖拧紧。

（3）履带张紧度

1）检查：将车辆停放在水平地面上，不踩制动器，将一根直杆放在托链轮和引导轮上方，如图 5—16 所示，当杆和履齿在中心处之间的距离是 20～30 mm 时，这一履带的张紧度是标准的。

2）调整：若需上紧张紧装置，应将黄油压入注油器中，如图 5—17 所示；反之，为松开张紧装置，应缓慢地反向转动塞子一周，挤出黄油。如果压入黄油，直到 S 减到 0 mm 时，张紧装置还是松的，这就表明销套因严重磨损而减薄，需进行修理或更换履带，如图 5—18 所示。

图 5—16 测量履带张紧度

注意：松动塞子不要超过一整圈；不要拧松除塞子以外的任何零件。

图 5—17 注油器

图 5—18 履带

如果塞子或其他零件过分拧松，在注入黄油的高压下，零件就易飞出。如果黄油不能顺利压入，则可使车辆前后移动一段距离后再试。

（4）检查并拧紧履带板螺栓。如果履带板螺栓松动，容易使履带板断裂，所以发现有螺栓松动时一定要将它拧紧：首先，拧紧至拧紧力矩达到 400 ± 40 N·m；然后检查螺母和履带板是否和链节接触面紧密接触；检查后应进一步拧紧，转动 $120° \pm 10°$。

（5）翻转或更换刀角、刀片。如图 5—19 所示，在刀角、刀片磨损到铲刀边缘之前，应翻转刀片或更换刀角，如刀片两面都已磨损，应更换刀片。具体步骤为：将铲刀提升到一合适高度，把垫块放于推杆下，以防止铲刀坠落；卸下刀角和刀片，并清理安装面；更换新的刀角、翻转刀片（或更换新刀片），用螺母拧紧，拧紧力矩为 627 ± 78 N·m（64 ± 8 kgf·m）；运行几小时后，再拧紧螺母。

（6）其他部件的调整

1）转向制动器

检查：制动衬片磨损时，转向踏板行程会增加，使转向困难，当行程超过 190 mm（制动力减少）时，应作相应调整；标准行程为 110 ~ 130 mm，如图 5—20 所示；发动机怠速运转时，操作力为 150 N；发动机停转时，行程为 75 mm。

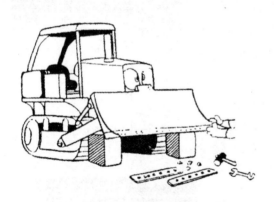

图 5—19 翻转或更换刀角、刀片

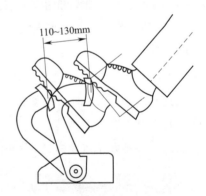

图 5—20 制动行程

调整：拆卸后盖及检查盖；拧紧调整螺栓至拧紧力矩为 50 N·m，使衬片和制动鼓紧密接触（踩下制动踏板，认证接触状况）；然后反方向转动调整螺栓 7/6 圈，应使两制动踏板行程相同，否则两侧制动灵活性不一致；如果调整螺栓的尺寸 A 小于 71 mm，需更换新的制动衬带。

2）引导轮

引导轮长时间被迫旋转，侧面导板、上下导板和引导板将逐步磨损，从而导致引导轮左右摆动，或因引导轮偏斜导致履带链节从引导轮脱出，或造成引导轮和链节的不均匀磨损，因此必须按照下述程序随时调整引导轮，使其处于良好的运转状态。

侧面导板调整，如图5—21所示。车辆在水平地面上运转1～2 m，使履带均匀张紧，然后使车辆停止。检查导向板与车架之间的间隙"A"（每侧导板共有左、右、上、下4个间隙），若任何一间隙超过4 mm，则松开螺栓①，并卸去一定数量的垫片②，再调整到标准间隙（0.5～1.0 mm），注意垫片的厚度是0.5～1.0 mm。松开螺栓时，注意不要使其转动多于3圈。

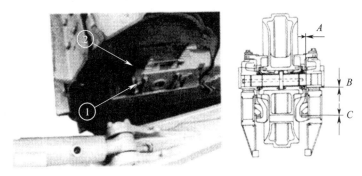

图5—21　侧面导板
1—螺栓　2—垫片

导向板和上、下导板调整，如图5—22所示。测量支撑座（件3）和导向板（件4）之间的间隙"B"，以及上、下导板（件6）和台车架减磨板之间的间隙"C"。如两个间隙"B"和"C"之和超过5 mm，应将其减少到2 mm，方法是抽出部分垫片（件7），使其减少至要求的厚度，并把同样厚度的垫片加到垫片（件8）中。这种调整可按下述程序完成。

间隙"C"正常值为0 mm。测量间隙"B"，从"B"值中减去2 mm，这个结果值是调整垫片的厚度（例如，B = 5 mm，则调整垫片厚度是5 – 2 = 3 mm）。其中，垫片（件7）和（件8）为可抽取式垫片。松开螺栓（件9）（内外共有4个螺栓），直到感觉不到有弹簧力为止，再松开螺栓（件1），注意不要将其拧动3圈以上。

用棍向上调节导向架（件5），使间隙"C"为零，按上面确定的所需垫片厚度卸下可抽取垫片（件7）。将卸下的垫片（件7）加到可抽取的垫片（件8）上，这个程序共需完成8处，即左右引导轮的内外侧和每侧的前后。调整前后，垫片7和8的总厚度不变，若粗心使垫片总厚度增减，将导致安装在导向装置内的弹簧的预加负荷不适

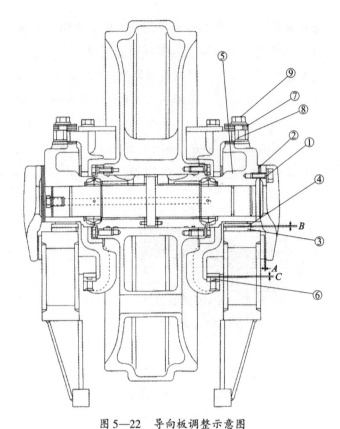

图5—22　导向板调整示意图

1、9—螺栓　2、7、8—垫片　3—支撑座　4—导向板　5—导向架　6—导板

宜。其中垫片7和8是由若干个1 mm和2 mm厚的两种垫片组合而成。拧紧弹簧座螺栓（件9），并使螺栓（件1）的拧紧力矩为500～620 N·m，注意上、下导板最大允许调整量为6 mm。

3）风扇带。因为风扇带有自动张紧装置，其张紧度始终保持常量，与V形带伸长无关，直至损坏都不需要调整。但是当更换新的带时，应检查尺寸"A"是否为113±5 mm，如图5—23所示，当其值不在上述范围时，就应进行调整。更换V形带时，应两根同时更换。

4）行走部分

履带张紧度的检查和调整：对于岩石地段，履带应稍微紧些，对于黏土和砂土区，履带应松些（关于检查和调整方法参考"不定期保养"）。

测量履齿高度：取一块紧的履带板，测量履齿高度，如图5—24所示，标准齿高（H）为72 mm，修理极限（H）为25 mm。

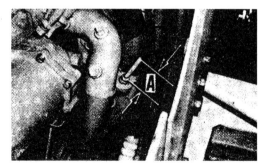

图5—23　风扇带调整示意图

图5—24　履齿高度测量

测量支重轮外径：如图5—25所示，检查测量链轨节尺寸"C"和"B"，计算支重轮外径"A"，计算公式为$A=(B-C)\times2$；标准尺寸（A）为222 mm，修理极限（A）为198 mm。

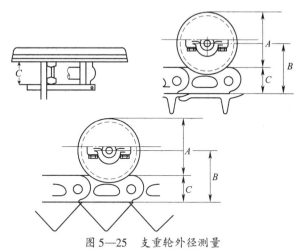

图5—25　支重轮外径测量

5）螺栓螺母标准拧紧力矩

没有其他说明的情况下，拧紧公制螺母、螺栓应按照表5—4列出的拧紧力矩。如需更换螺母或者螺栓，应使用相同尺寸的正品配件。

注意：如果螺栓、螺母或者其他需要拧紧的零件没有按照指定力矩拧紧，那么零件将会松脱并损坏，会导致机器的损坏和操作故障，故在紧固零件时应当注意拧紧力矩。

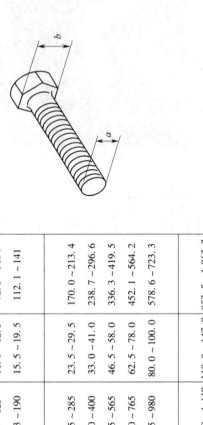

表5—4　力矩表

螺栓螺纹直径 a (mm)	端面宽度 b (mm)	拧紧力矩					
		目标值			力矩范围		
		N·m	kgf·m	lb·ft	N·m	kgf·m	lb·ft
6	10	13.2	1.35	9.8	11.8~14.7	1.2~1.5	8.7~10.8
8	13	31	3.2	23.1	27~34	2.8~3.5	20.3~25.3
10	17	66	6.7	48.5	59~74	6.0~7.5	43.4~54.2
12	19	113	11.5	83.2	98~123	10.0~12.5	72.3~90.4
14	22	172	17.5	126.6	153~190	15.5~19.5	112.1~141
16	24	260	26.5	191.7	235~285	23.5~29.5	170.0~213.4
18	27	360	37	267.6	320~400	33.0~41.0	238.7~296.6
20	30	510	52.3	378.3	455~565	46.5~58.0	336.3~419.5
22	32	688	70.3	508.5	610~765	62.5~78.0	452.1~564.2
24	36	883	90	651	785~980	80.0~100.0	578.6~723.3
27	41	1 295	132.5	958.4	1 150~1 440	118.0~147.0	853.5~1 063.3
30	46	1 720	175.0	1 265.8	1 520~1 910	155.0~195.0	1 121.1~1 410.4
33	50	2 210	225.0	1 627.4	1 960~2 450	200.0~250.0	1 446.6~1 808.3
36	55	2 750	280.0	2 025.2	2 450~3 040	250.0~310.0	1 808.3~2 242.2
39	60	3 280	335.0	2 423.1	2 890~3 630	295.0~370.0	2 133.7~2 676.2

续表

螺母螺纹 常规件号（a）	端面宽度 b (mm)	拧紧力矩							
		目标值				力矩范围			
		N·m	kgf·m	lb·ft	N·m	kgf·m	lb·ft		
9/16~18UNF	19	44	4.5	32.5	35~63	3.5~6.5	25.3~47.0		
11/16~16UN	22	74	7.5	54.2	54~93	5.5~9.5	39.8~68.7		
13/16~16UN	27	103	10.5	75.9	84~132	8.5~13.5	61.5~97.6		
1~14UNS	32	157	16.0	115.7	128~186	13.0~19.0	94.0~137.4		
13/16~12UN	36	216	22.0	159.1	177~245	18.0~25.0	130.2~180.8		

5.2 挖掘机

学习目标

熟悉挖掘机起动前、停机后的例行保养工作

熟悉挖掘机的定期、不定期保养工作

5.2.1 例行保养

1. 起动前检查工作

（1）检查冷却液液位，加水。

（2）检查发动机油底壳内的油位，加油。

（3）检查燃油油位，加油。

（4）排放燃油箱内的水和沉积物。

（5）检查油水分离器内的水和沉积物，排水。

（6）检查液压油箱内的油位，加油。

（7）检查电线。

（8）检查喇叭的功能。

2. 停机后检查工作

（1）将挖掘机挪离低洼处或地槽（沟）边缘，停放在平地上，关闭门窗并锁住。

（2）清理挖掘机履带夹杂垃圾，润滑车辆，冲洗驾驶室内外，做到驾驶室内干净、整洁，保持车身表面清洁，养成工作结束后擦车的习惯。

（3）挖掘机操作人员必须做好设备使用中的每日交底记录，发现问题及时汇报修理，配合维修人员工作。

3. 例行保养记录

例行保养检查表见表5—5，主要内容包括：

（1）冷却水的检查和添加。

（2）油底壳油位的检查和添加。

（3）三漏的检查和排除。

（4）各部件的检查和紧固。

（5）燃油量的检查和补充。

（6）打开排污阀放掉燃油箱内的水和污物。

（7）制动系统的检查。

表 5—5　　　　　　　　　　　　例行保养检查表

序号	保养项目	保养内容	保养结果
1	检查漏油、漏水	检查	
2	检查螺栓、螺母	检查及拧紧	
3	检查电路	检查及拧紧	
4	检查冷却水位	检查及补充	
5	检查发动机油底壳油位	检查及补充	
6	检查燃油油位	检查及补充	
7	检查转向离合器油位	检查及补充	
8	燃油箱排出杂质	放出水及沉积物	
9	检查灰尘指示器	检查及清理空气滤芯	
10	检查制动踏板行程	检查及调整	

挖掘机工（签名）：　　　　　　　　　　　　　　　　日期：

5.2.2　一级保养

1. 最初 250 h 保养

机器在运行最初 250 h 以后，应进行下列保养：

（1）更换燃油滤芯。

（2）检查并调整发动机气门间隙。

（3）工作油箱及滤清器。

（4）终传动箱。

有关更换或保养方法详情，见"每 500 h 保养"和"每 2 000 h 保养"部分。

2. 每 250 h 保养

（1）检查油底壳的油位，加油。拔出油尺，用布擦去油尺上的油，将油尺完全插入导管。拔出油尺时，如果油位处在 H 和 L 标记之间，油位是合适的；如果油位没有达到油尺上的 L 标记，要打开注油口，加机油；如果油位超过油尺上的 H 标记，要松开排油螺塞，排出多余的油。检查油位并加油或排油以后，把油尺插入孔中并装上注油口盖。

（2）检查终传动箱的油位，加油。放置终传动箱，使 TOP 标记位于上端，并使标记和螺塞与地面垂直。用六角扳手拆下螺塞，并检查油位是否处在螺塞孔底部至低于螺塞孔底部 10 mm（0.4 in）的范围内。如果油位太低，装上螺塞，操作行走操纵杆，驾驶机器向前或向后，使链轮转动一圈，然后重复第 2 步再进行检查。如果油位依然很低，通过螺塞孔加注机油，直到机油溢出为止。检查后，装好螺塞。

备注：共有两个螺塞，加油时，通过看不到内部齿轮的螺塞孔加油比较容易。

（3）检查蓄电池电解液液位。

1）每月至少检查一次电解液液位，并遵守基本的安全措施：打开位于机器左后侧的盖①，蓄电池安装在（A）部分，如图 5—26 所示。

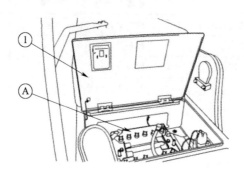

图 5—26　蓄电池安装示意图

1—蓄电池盖　A—蓄电池

2）从蓄电池侧面检查电解液液位：用一块湿布，清洁电解液液位线的周围，并检查电解液液位是否处在高位（U. L）与低位（L. L）线之间，如果用干布擦蓄电池，会产生静电导致火灾爆炸。如图 5—27 所示，如果电解液的液位低于高位（U. L）与低位（L. L）线之间的中部，拆下盖①，添加蒸馏水至高位（U. L）线位置，添加蒸馏水后，将盖拧紧。

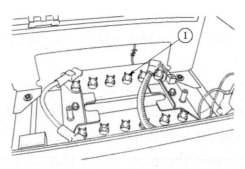

图 5—27　蓄电池

1—蓄电池盖

当在冷天添加蒸馏水时，要在早晨开始操作前添加，以防止电解液结冻。如果蒸馏水加到高位（U.L）线以上，要用吸管将液位降至高位（U.L）线以下，可用碳酸氢钠（小苏打）中和排除液体，然后用大量的水将其冲走。

3）用指示器检查蓄电池状态，如图5—28所示。蓄电池的工作状态可通过蓄电池上表面的电眼指示器来判断，在正常良好状态下，电眼指示器指示蓝色，如果电眼指示器显白色或红色，则说明蓄电池处于亏电或缺液状态，需立即进行相应的充电或加液。

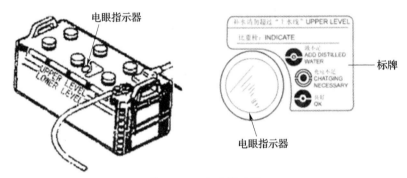

图5—28　电眼指示器

警告：如果蓄电池电解液的液位低于低位线，不要使用蓄电池，否则会加快蓄电池内部的变质并缩短蓄电池的使用寿命，另外还会引起爆炸。蓄电池工作时会产生易燃气体，有爆炸的危险，因此不要使明火靠近蓄电池。蓄电池电解液是危险性的，如果溅到眼睛或皮肤上，要用大量净水冲洗并与医生联系。当给蓄电池添加蒸馏水时，不要使蓄电池电解液高于高位线，如果电解液的液位太高，可能会出现泄漏，造成油漆表面的损坏或腐蚀其他部件。

（4）检查、调整空调压缩机带的张力

1）检查：如图5—29所示，用大约58.8 N（6 kgf）的手指力，在驱动带轮与压缩机带轮之间的中部按下带并检查挠度，正常值应为5～8 mm（0.20～0.31 in）。

2）调整：如图5—30所示，松开螺栓①和②，支架④固定着压缩机。当松开螺栓①和②时，支架④以螺栓②的固定位置为支点移动。松开装在固定支架③上的螺母⑤，然后拧紧螺栓⑥，以使带的挠度为5～8 mm［用力约58.8 N（6 kgf）］。拧紧螺栓①和②以固定支架④，松开螺栓⑥以从支架④上拆下，拧紧螺母⑤。检查各带轮是否损坏，V形槽是否磨损，以及V形带是否磨损，特别要确认V形带不能与V形槽的底部接触。如果带已拉长，没有调整的余量，或带上有切口或裂缝时，要更换新带，当更换新带时，在操作1 h后，要重新调整带。

GUTI FEIWU CHULIGONG（SHENGHUO LAJI TIANMAI）

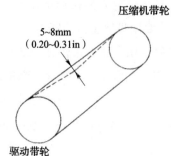

图 5—29　带挠度检查

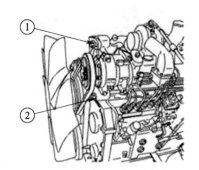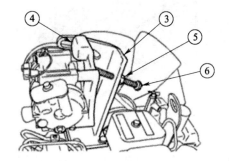

图 5—30　带调整零件

1、2、6—螺栓　3—固定支架　4—支架　5—螺母

3. 每 500 h 保养

除以下保养项目外，同时应进行每 250 h 保养。

（1）润滑回转支撑（两处）。将工作装置降到地面；用油枪通过油嘴压入润滑脂；加注润滑脂后，擦掉挤出的所有旧润滑脂。

（2）润滑工作装置

工作装置采用 SCSH 衬套，请按以下方式进行润滑：

1）将工作装置调到如图 5—31 所示的润滑姿势，然后将工作装置落到地面并关闭发动机。

2）用黄油枪，对下列部位按图 5—31 箭头所示加注润滑脂：

动臂液压缸脚销（2 处）；动臂脚销（2 处）；动臂液压缸活塞杆末端（2 处）；斗杆液压缸根部销（1 处）；动臂—斗杆连接销（1 处）；斗杆液压缸活塞杆末端（1 处）；铲斗液压缸根部销（1 处）；斗杆—连杆连接销（1 处）；斗杆—铲斗连接销（1 处）；连杆连接销（2 处）；铲斗液压缸活塞杆末端（1 处）；铲斗—连杆连接销（1 处）。

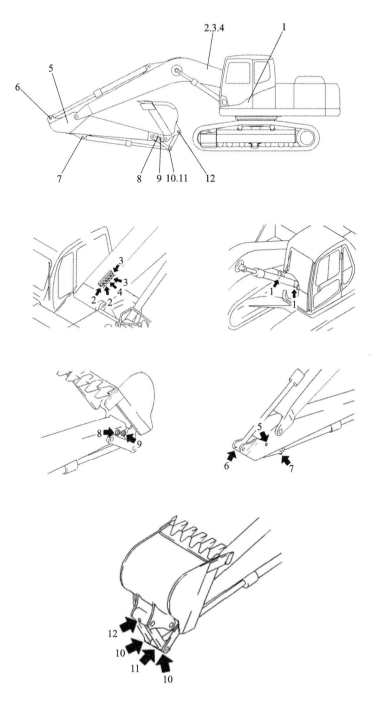

图 5—31　工作装置润滑示意图

1～12—润滑脂加注位置

3）加注润滑脂后，擦去被挤出的旧的润滑脂。

注意：如果润滑部位出现异常噪声，要进行除周期保养以外的润滑；当在最初 50 h 操作机器时，要进行每 10 h 的润滑；在水中进行挖掘作业后，要对浸在水中的销轴进行润滑；当进行重负荷操作时，如液压破碎器操作，要进行每 100 h 的润滑。

（3）向油底壳内加机油，更换机油滤芯

先向油底壳内注油 24 L，并准备好滤芯扳手。如图 5—32 所示，拆下机器底部的底盖，然后在排放阀（P）下面放置一个接油的容器；为防止油溅到身上，要慢慢地扳下排放阀（P）的手柄排油，然后提起手柄关闭排放阀。打开右后侧的盖，用滤芯扳手向左转动滤芯①以将其拆下来，清洁滤芯座，往新的滤芯内加注干净的机油，在滤芯的密封表面以及螺纹部位涂机油（或涂一薄层润滑脂）。将滤芯装到滤芯座上，安装时，要使密封面与滤芯座的密封面接触，然后再进一步拧紧 3/4～1 圈。更换滤芯以后，打开发动机罩，通过注油口（F）添加机油至油尺（G）上的 H 与 L 标记之间。短时间怠速运转发动机，然后关闭发动机并再次检查油位，使其处在油尺（G）上的 L 与 H 标记之间（有关详情见"每 250 h 保养"），安装底盖。

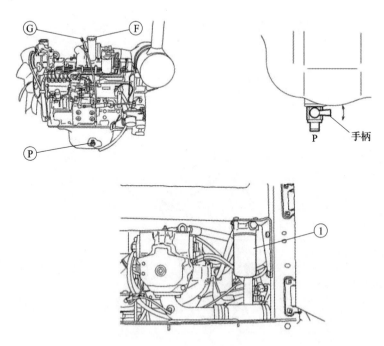

图 5—32　工作装置润滑示意图

1—滤芯　F—注油口　G—油尺　P—排放阀

注意：检查滤芯座，确保不要黏附着旧的密封，如果保留着旧的密封，会造成泄漏。

（4）更换燃油滤芯

准备一把滤芯扳手和一个接油的容器以接住燃油。如图 5—33 所示，在滤芯的下面放置接燃油的容器，用滤芯扳手逆时针转动滤芯①，以将其拆下。清洁滤芯座，往新滤芯内加入清洁燃油，在密封表面涂上机油，然后将滤芯装到滤芯座上。当密封面与滤芯座的密封面接触以后，再进一步拧紧 1/2 圈，如果滤芯拧得太紧会损坏密封，导致燃油泄漏，如果滤芯太松，燃油也会从密封处泄漏，因此一定要拧紧到合适位置。更换燃油滤芯后，要排出系统中的空气，并往燃油箱内加油（加至浮子处于最高位置）。更换滤芯①以后，松开排气螺塞③，松开输油泵②按钮，用手反复上下按动，使燃油流出，直至从排气螺塞③流出的燃油没有更多的气泡时为止。最后拧紧输油泵按钮和排气螺塞③。

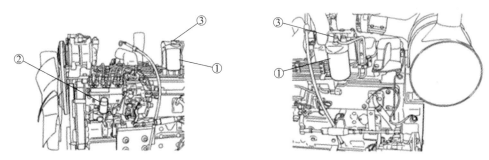

图 5—33　更换燃油滤芯示意图
1—滤芯　2—输油泵　3—排气螺塞

备注：当机器的燃油用完时，用输油泵排出燃油系统中的空气。

（5）检查回转小齿轮内润滑脂的高度并补充加润滑脂

准备一把尺子，润滑脂总量：PC200/PC210 为 14.6 L，PC220 为 15.8 L。如图 5—34 所示，拆下旋转机架上部的螺栓①（两根）并拆下盖②。将尺子插入润滑脂，检查小齿轮经过部位的润滑脂高度，应为至少 14 mm（0.6 in），如果不足 14 mm，需要添加更多的润滑脂。检查润滑脂是否为乳白色，如果润滑脂已成为乳白色，必须进行更换。用螺栓①安装盖②。

（6）清洗和检查散热器片、油冷却器片和冷凝器片。如图 5—35 所示，打开发动机罩①，松开螺钉③，拉起网②并清洗网（按第 8 条说明），再将网装上；松开螺钉⑤，拆下散热器与机油冷却器之间的网⑥。检查前后机油冷却器片④、散热器片⑦、

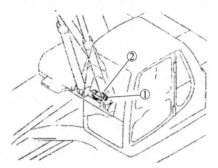

图5—34　回转小齿轮润滑示意图

1—螺栓　2—机架盖

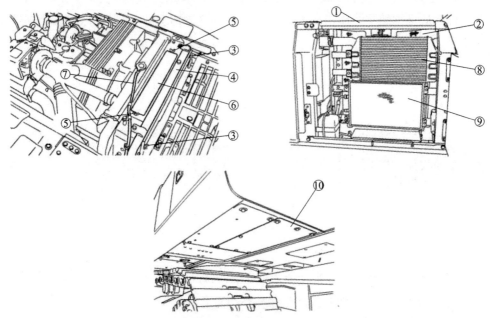

图5—35　散热器片、油冷却器片和冷凝器片拆装示意图

1—发动机罩　2、6—网　3、5—螺钉　4—机油冷却器片　7—散热器片

8—后冷却器片　9—冷凝器片　10—底盖

后冷却器片⑧以及冷凝器片⑨是否有灰尘、脏物、干叶等，如果有，用压缩空气将其吹去；除压缩空气外，还可使用蒸汽或水。检查橡胶软管是否损坏，如果发现软管有裂纹，或由于老化已经变硬，要更换新软管。拆下底盖⑩，清除落在上面的灰尘、脏物、干叶等，把清洗过的网②装回原位，用螺钉③将其固定，并用螺钉⑤固定网⑥。

警告：如果用压缩空气、高压水或蒸汽吹去灰尘或脏物时直接击中身体，有严重伤害的危险，因此一定要用护目镜、防尘罩或其他防护用具。

注意：当使用压缩空气时，如果喷嘴距散热片太近，会损坏散热器片，故进行清洗时要有适当的距离以防止损坏散热器片，也不要直接喷射散热器芯；如果散热片损坏，会造成漏水和过热，在多尘土的工作场地，要每天进行这种检查，不受保养周期的限制。

（7）清洁空调系统的内部和外部空气滤清器（见图 5—36）

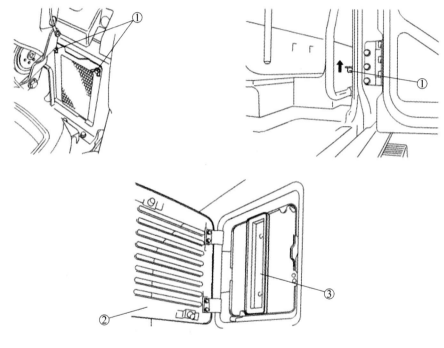

图 5—36　空气滤清器拆装示意图

1—翼形螺栓　2—空气滤清器盖　3—滤清器壳

1）清洁循环空气滤清器。从驾驶室内左后方底部的检查窗上拆下翼形螺栓①，然后取出循环空气滤清器；用压缩空气清洁滤清器。如果滤清器上有油或太脏，用中性介质冲洗。在水中冲洗以后，重新使用前，要使其彻底干燥。如果通过气吹或用水冲洗仍不能排除滤清器的堵塞，要换新的滤清器。

2）清洁新的空气滤清器。拉起车门开启控制杆下面的开锁控制杆以把锁打开，用手打开驾驶室左下方的盖②，从里面抽出滤清器壳③，然后拆下滤清器，用压缩空气清洁滤清器。如果滤清器上有油或太脏，用中性介质冲洗，在水冲洗后，在重新使用前，要使其彻底干燥。清洁后，将滤清器重新装入滤清器壳③，用手打开驾驶室左下方的盖，将滤清器壳装回原位，然后关上盖。此时要检查是否锁定。

注意：清洁滤清器的正常保养间隔是 500 h，但如果机器在多尘的工作场地使用，要缩短保养周期并更频繁地清洁滤清器；如果滤清器堵塞，风量会减小，并可以从空调器听到受抑制的声音。

（8）更换液压油箱通气装置滤芯。如图 5—37 所示，从液压油箱顶部的注油口（F）把盖拆下，并更换内部滤芯①。

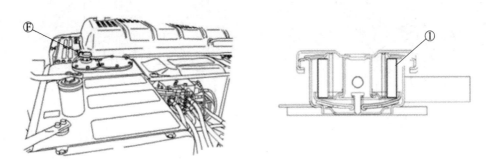

图 5—37　更换液压油箱通气装置滤芯

1—内部滤芯　F—注油口

（9）更换附加燃油滤芯

准备一滤芯扳手和一盛油容器，将容器置于滤芯之下接油。采用滤芯扳手，逆时针转动滤芯，将其拆下。清洗滤芯支架，用干净的燃油清洗新的滤芯，并用发动机油涂抹接合表面，然后将它安装在滤芯支架上。安装滤芯时，拧到使密封面接触滤芯支架的密封面，然后再拧紧 1/2 圈即可，如果滤芯拧得太紧会使接合面损坏，将产生漏油现象，如果滤芯太松，燃油将从接合面处泄漏，故拧时松紧应恰当。在更换附加燃油滤芯之后，还应排气。

4. 每 1 000 h 保养

除以下保养项目外，同时应进行每 250 h 和每 500 h 的保养。

（1）更换液压油滤芯。将工作装置按图 5—38 中所示的保养姿势，放置在坚硬平整的地面上，然后将工作装置降至地面并关闭发动机；从注油口（F）拆下盖并释放内部压力，如图 5—39 所示；松开 6 个螺栓，然后拆下盖①，当拆卸盖时，盖会在弹簧②力的作用下飞出，因此当拆卸螺栓时，要向下握住盖；拆下弹簧、阀③和滤网④后取下滤芯⑤，检查滤芯壳的底部是否有脏物，如果有，要将其清除，注意不要让脏物落入液压油箱，在柴油中清洗拆下的零件；在安装旧滤芯⑤的位置，安装新滤芯，将阀、滤网和弹簧装到滤芯的上端，把盖放在安装位置，用手向下按盖并用安装螺栓把盖装上；装上注油口盖，起动发动机，并让发动机以低速运转 10 min 以排出空气，最后关闭发动机。

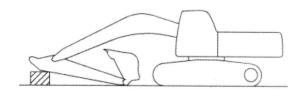

图5—38　设备停放示意图

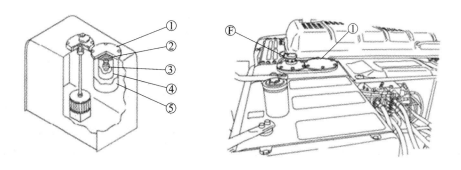

图5—39　液压油滤芯保养示意图

1—盖　2—弹簧　3—阀　4—滤网　5—滤芯　F—注油口

（2）更换回转机构箱内的油（注油口容量：6.6 L）

如图5—40所示，拆下检查口的盖（A），在机器底下的排放阀（P）的下面放置一个接油容器，松开机器下面的排放阀放油，然后再拧紧排放阀；拆下注油口（F）盖，然后通过注油口添加规定量的机油；拔出油尺（G），用布擦去油尺上的油，再把油尺完全插入油尺管，然后再将其拔出；当油位处在油尺的 H 与 L 标记之间时是合适的，如果油位没有到达 L 标记，通过注油口加油，如果油位超过 H 标记，要从排放阀排出多余的机油，并重新检查油位，当排放多余的机油时，要从检查口拉出软管①，然后打开排放阀。

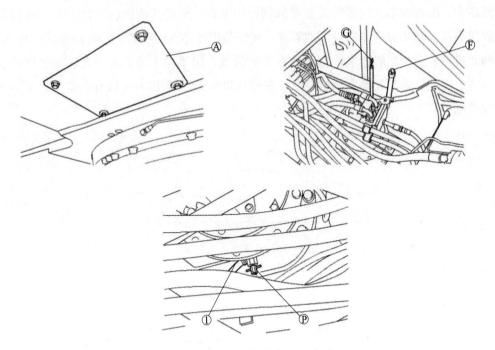

图 5—40　回转机构换油示意图

1—软管　A—检查口盖　F—注油口　G—油尺　P—排放阀

（3）检查减振器壳体内的油位，并加油。如图 5—41 所示，打开机器右侧的盖，拆下油检查螺塞（G），检查油是否处在检查孔的底部附近，如果油位低，从注油口（F）上拆下螺塞，并通过注油口加油，直到油位接近油检查螺塞孔的底部为止，装上检查螺塞和注油口的螺塞，关上机器右侧的盖。

注意：对于油位的检查，要将机器停在平坦的地面，在关闭发动机至少 30 min 以后，再开始工作。如果发现油位太高，要将油排放至规定的油位，过量的油会导致过热。

（4）检查涡轮增压器的所有紧固件，进行紧固部位的检查并紧固。

（5）检查涡轮增压器转子的游隙，由专业厂商使用专用设备检查。

（6）检查风扇带张力并更换风扇带，其检查和更换需使用专用工具。

备注：安装自动风扇带张力调节器会自动

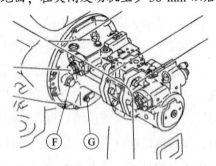

图 5—41　减振器

F—注油口　G—油检查螺塞

张紧风扇带，免除了带挠度的调整。

（7）更换防腐器滤芯。先准备一接排出冷却液的容器和一把滤芯扳手。如图5—42所示，关闭阀①，在总成②下放置容器以接冷却液；用滤芯扳手拆下总成，清洗防腐蚀器支架。用发动机油涂抹接合表面和新总成的螺纹口，然后将其安装在防腐蚀器支架上，安装时，将滤芯接合表面拧到与防腐蚀器支架的密封表面接触，然后再拧入2/3圈即可，如果拧得太紧，接合表面将损坏，从而导致冷却液泄漏，如果太松，冷却液将从接合面处泄漏，故总成的拧入要适当。打开阀，在更换总成之前起动发动机，检查防腐蚀器密封面处是否有漏水现象，如果有漏水现象，检查总成拧紧度是否合适。

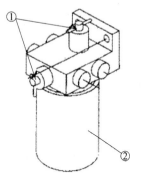

图5—42　防腐器滤芯
1—阀　2—总成

5. 每2 000 h保养

除以下保养项目外，应同时进行每250 h、每500 h和每1 000 h的保养。

（1）更换终传动箱内的油

准备：注油量（每个）4.5 L，六角扳手，如图5—43所示。

将终传动上的 TOP 标记调到上端，使标记和螺塞（P）与地面垂直，在螺塞的下面放置一个接油容器；用六角扳手拆下螺塞（P）和（F），排油，并拧紧螺塞（P）；通过螺塞（F）孔加机油，当油从螺塞（F）孔溢出时，装上螺塞（F），将螺塞（P）和（F）拧紧至 68.6 ± 9.8 N·m（7 ± 1 kgf·m）的扭矩。

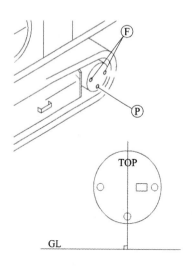

图5—43　终传动箱加油示意图
F、P—螺塞

备注：F处有两个螺塞，通过看不到内部齿轮的那个螺塞孔加油比较容易；注意检查螺塞上的O形圈是否损坏，如果需要，用新的O形圈进行更换。

（2）清洗液压油箱滤网。如图5—44所示，拧松6个螺栓，然后拆下盖①，这时盖会在弹簧②力的作用下飞出，因此当拆卸螺栓时要向下握住盖；拔出杆③的上端，拆下弹簧、阀③和滤网④；清除黏附在滤网上的脏物，然后再用干净的柴油或洗涤油进行冲洗，如果滤网损坏，要用新的进行更换；重新安装滤网，把它插入油箱中的凸出部分⑤，组装时，要使盖①下面的凸出部分固定住弹簧②，然后用螺栓拧紧。

（3）清洗、检查涡轮增压器。

（4）检查交流发动机、起动马达，当电刷可能磨损，或轴承润滑脂已用尽时，应进行保养。如果发动机频繁起动，应每1 000 h进行检查。

（5）检查并调整发动机气门间隙，拆卸和调整部件时应使用专用工具进行保养。

（6）检查减振器，拆卸和调整部件时应使用专用工具进行保养。

6. 每4 000 h保养

除以下项目外，应同时进行每250 h、每500 h、每1 000 h和每2 000 h的保养。

（1）检查水泵。检查带轮有无游隙，有无漏油、漏水，排放口（A）是否堵塞，如果有的话，需修理或更换水泵，如图5—45所示。

（2）更换液压油箱内的油

做以下准备：重新注油量为115 L，并准备一个套筒扳手用的手柄。如图5—46所示，回转上部机构，使吸管下部的排放塞位于左侧或右侧履带的中部；将斗杆和铲斗液压缸收回到行程末端，然后落下动臂，使铲斗齿与地面接触；锁住安全锁定控制杆，关闭发动机；拆下液压油箱上部的注油口（F）盖，在机器底部的排放塞下面放置一个接油容器，用手柄拆下排放塞并排油；检查装在排放塞上的O形环，如果损坏要进行更换；排油以后拧紧排放塞，拧紧扭矩为68.6 +9.8 N·m（7 ±1 kgf·m，51 ±7 lb·ft），拆卸排放塞时，注意不要让油溅到身上；通过注油口（F）加入规定量的机油，检查油位，使之处在观测计上的H和L标记之间。有关排气方法的详情见"不定期保养"。

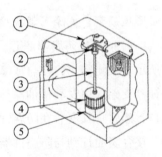

图5—44　液压油箱滤网

1—盖　2—弹簧　3—阀

4—滤网　5—凸出部分

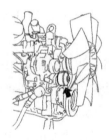

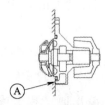

图5—45　水泵示意图

A—排放口

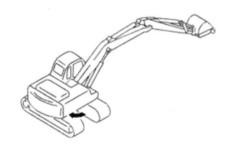
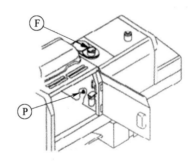

图5—46　液压油更换示意图

F—注油口　P—排放塞

7. 不定期保养

以下项目视情况需要，随时进行检查和保养。

（1）检查、更换、清洁空气滤清器滤芯

1）检查。如图5—47所示，如果空气滤清器堵塞，监控器上的监控灯①会闪烁，则应清洁空气滤清器滤芯。

2）更换。如果从安装滤芯起已超过一年，空气滤清器堵塞，清洁滤芯以后，监控器盘上的监控灯①马上闪烁，要更换外部滤芯、内部滤芯（见图5—48）和O形环；如果真空继动阀损坏或橡胶明显变形，也要进行更换（见图5—49）。

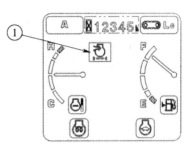

图5—47　监控器示意图

1—监控灯

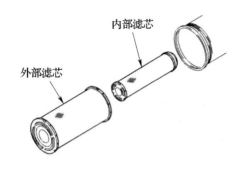

图5—48　内外滤芯

图5—49　真空继动阀

3）清洁外部滤芯

①如图5—50所示，打开机器左侧的后部门，拆下3个卡扣②，然后拆下盖①。注意，在清洁滤芯前后，不要让滤芯受到阳光照射。

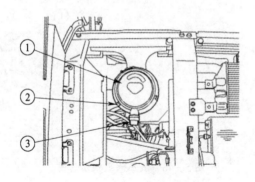

图 5—50　挖机左侧示意图

1—下盖　2—卡扣　3—真空继动阀

②握住外部滤芯，轻轻地向上和向下左右摇动，并左右转动滤芯，垂直地拔出滤芯。

③拆下外部滤芯以后，要用一块干净的布盖上空气滤清器壳体内（见图 5—51）的进气口，以防止灰尘或脏物进入。

④擦去或刷去附着在盖①（见图 5—52）和空气滤清器壳体内部的脏物。

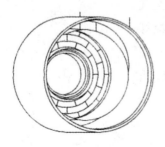

图 5—51　空气滤清器壳体　　　　　图 5—52　空气滤清器盖

⑤除去装在盖①上的真空继动阀③上聚积的灰尘或脏物。

⑥用压缩空气［压强低于 0.69 MPa（7 kgf/cm^2，99.4PSI）］从滤芯内侧沿着滤芯的褶向外吹，然后再从滤芯外侧沿着滤芯的褶向内吹，并再次从内侧向外吹，如图 5—53 所示。每清洁一次滤芯，要从滤芯上拆下一个封条；已经重复清洁过 5 次或使用满一年的外部滤芯更换时，应同时更换内部滤芯；如果装上清洁过的外部滤芯以后不久，监控器指示灯便闪，即使滤芯还没清洁过 5 次，也要同时更换外部滤芯和内部滤芯；当更换滤芯时，要粘上与滤芯一起封装在盒中的封条（A），把封条粘在图中所示的位置，如图 5—54 所示。

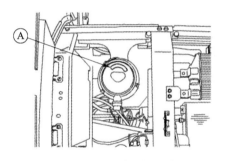

图5—53　清洁滤芯示意图　　　　图5—54　封条粘贴示意图

A—封条

⑦取下在步骤3中装上的布或封条。

⑧清洁后，用灯照射检查时，如果发现滤芯上有小孔或较薄部分，要更换滤芯，如图5—55所示。

4）安装空气滤清器滤芯

①检查新滤芯或清洁过的滤的密封部位是否黏附着灰尘或油渍，若有，要擦去灰尘或油渍。

②当已经拆下外部滤芯时，确保内部滤芯没有移动和偏斜，如果内部滤芯是斜的，要用手插入滤芯并将其推正。

③当把外部滤芯装入空气滤清器壳体时，要用手把其

图5—55　灯照检查滤芯

推正。如果在推入滤芯的同时，用手握住滤芯并轻轻地上下左右摇动，可以容易地把滤芯插入。

④安装盖：如图5—56所示，把盖②与滤芯对正；用卡扣①的端部钩住空气滤清器壳体的凸出部分并将其锁定，当锁定卡扣①时，要按照与拧紧螺栓时相同的方式，按对边（顶部、底部、左、右）的顺序扣上卡扣；安装盖②时，要使真空继动阀朝向地面，并应检查空气滤清器壳体与盖②之间的间隙不要太大，如果间隙太大，要重新安装。

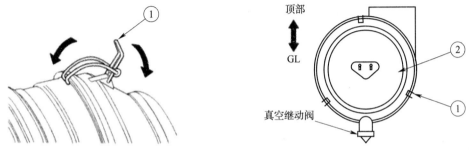

图5—56　空气滤清器滤芯安装示意图

1—卡扣　2—盖

5）更换空气滤清器内部滤芯。如图5—56所示，首先拆下外部滤芯，然后拆下内部滤芯，用干净的布盖住空气接头（出气口侧）；清洁空气滤清器壳体内部，然后从进气口中拆下盖；将一个新的内部滤芯装到接头上，并拧紧螺母；把外部滤芯安装就位，然后用卡扣①锁住盖②。

注意：当拆卸空气滤清器外滤芯时，用力拔出外滤芯是危险的。当站在高处或立足点不稳定的地方工作时，由于在拔出外滤芯时有反作用力，注意不要跌下来。在监控器上的空气滤清器堵塞监控灯闪烁之前，不要清洁空气滤清器滤芯。如果在堵塞监控器闪烁前频繁地清洁滤芯，空气滤清器将不能充分显示它的性能，而且清洁效果也会下降。此外，在清洁操作过程中，附着到滤芯上的许多灰尘会落入内滤芯。在清洁滤芯前后，不要让滤芯在阳光下直射。不要拆卸内部滤芯，否则会使灰尘进入，造成发动机故障。不要使用螺丝刀或其他工具。当清洁滤芯时，不要用任何东西敲击或拍打滤芯。不要使用密封垫或密封损坏的，或褶已损坏的密封的滤芯。滤芯或O形环使用一年以后，清洁并再次使用将会出问题，一定要用新件进行更换。假冒仿造部件的密封部位缺乏精度，会使灰尘进入，造成发动机损坏，因此不要使用这种假冒部件。在内部滤芯拆下的情况下，不要运转发动机，这样会造成发动机的损坏。当插入滤芯时，如果端部的橡胶膨胀，或外部滤芯没有推正，用力把盖③装到卡扣②上会有损坏罩或滤清器壳体的危险，因此装配时要注意。一定不要清洁和重新使用内部滤芯。当更换外部滤芯时，要同时更换内部滤芯。

（2）清洁冷却系统内部

1）按表5—6要求清洁冷却系统内部、更换冷却液和更换抗腐剂KI。

2）冷却液添加要求。由于防冻液添加剂配合比例不同，请不要混合使用；请在水平处停机后再进行清洁、更换；混合比率因环境温度不同而不同，按容积比最低需为30%；当确定防冻液与水的比率时，要检查过去的最低温度，并根据表5—7给出的混合比例表确定；当确定混合比例时，最好将温度低估10℃（50°F）。

表5—6　　　　　　　　　　　　冷却液更换表

冷却液种类	清洁冷却系统内部并更换冷却液	添加抗腐剂KI
超级防冻液AF-NAC防冻液（防腐蚀用全季节型）	每两年（隔年秋季）或每4000h，以先到为准	参考下列说明

续表

冷却液种类	清洁冷却系统内部 并更换冷却液	添加抗腐剂 KI
AF – NAL 防冻液（全季节型）	每年（秋季）或每 2 000 h，以先到为准	每 1 000 h 清洁冷却系统内部以及更换冷却液时
不使用防冻液	每 6 个月或每 1 000 h，以先到为准	每 1 000 h 清洁冷却系统内部时

说明：高级冷却液（AF – NAC）既具有防腐功能又有防冻功能，故不必与防腐蚀器并用。如直接使用防腐蚀器滤芯，由于其不能长时间放置，请在每次更换冷却液时同时更换滤芯。

表 5—7　　　　　　　　　　　水与防冻液的混合比

PC200、 PC210	最低气温	℃	– 10	– 15	– 20	– 25	– 30
		°F	14	5	– 4	– 13	– 22
	防冻液量	L	6. 9	8. 2	9. 3	10. 5	11. 4
	水量	L	15. 9	14. 6	13. 5	12. 3	11. 4
PC220	最低气温	℃	– 10	– 15	– 20	– 25	– 30
		°F	14	5	– 4	– 13	– 22
	防冻液量	L	9. 3	11. 1	12. 7	14. 2	15. 4
	水量	L	21. 6	19. 8	18. 2	16. 7	15. 5

说明：要用自来水作为冷却水。

3）清洗方法

准备一个容器装排放的冷却液，最小容量 12.5 L，并准备一根软管加水。

如图 5—57 所示，慢慢地转动散热器盖①并将其拆下；拆下底盖，然后在散热器底部的排放阀②的下面放置接冷却液的容器，打开排放阀②，排放冷却液；排放完冷却液后，关上排放阀②并加注自来水，当加满散热器时，起动发动机并以低速运转，使温度上升到至少 90℃，然后继续运转大约 10 min；关闭发动机，打开排放阀②放水；

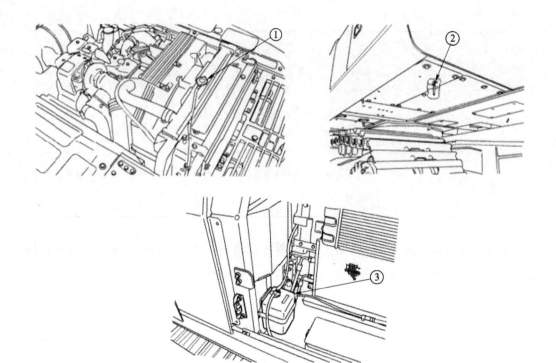

图 5—57　冷却系统清洗示意图
1—散热器盖　2—排放阀　3—储水罐

放水后，用脱垢剂清洁散热器，有关清洁方法，遵照脱垢剂的相关说明；关上排放阀②，安装底盖，通过注水器将水加至注水口；低速运转发动机约 5 min，然后再高速运转 5 min 以排出混在冷却水中的空气（此时散热器盖①已拆下）；排掉储水罐③的冷却水后，清洁储水罐内部，然后把水加到 Full 和 Low 液位之间；关闭发动机，约 3 min 后把水加至注水口，然后拧紧散热器盖。

　　警告：要在发动机运转时进行清洁。当站起或从操作人员座椅离开时，要将安全锁定控制杆调到 LOCK（锁定）位置。如果拆下底部护罩，有触到风扇的危险。当发动机运转时，不要进入机器后部。防冻液是易燃品，因此要使它远离火焰。防冻液是有毒的，当拆卸排放塞时，注意不要让含有防冻液的冷却液溅到身上，如果溅入眼睛，要用大量的净水冲洗并马上请医生治疗。

　　（3）检查并拧紧履带板螺栓。如图 5—58 所示，如果在履带板螺栓①松动的情况下使用机器，螺栓会断裂，因此，要马上拧紧松动的螺栓。

　　1）拧紧方法

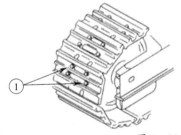
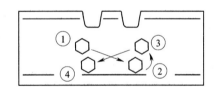

图 5—58　履带板螺栓示意图

1，2，3，4—履带板螺栓

履带板：先拧紧到 490 ± 49 N·m（50 ± 5 kgf·m，360 ± 36 lb·ft）的扭矩，然后检查螺母和履带板是否与链节接触面紧密接触；检查后，再拧紧 $120° \pm 10°$。

道路衬垫：拧紧到 549 ± 59 N·m（56 ± 6 kgf·m，405 ± 43 lb·ft）的扭矩，拧紧后，检查螺母和履带板与链节接触面是否紧密接触。

2）拧紧顺序。按如图 5—58 所示的顺序拧紧螺栓，拧紧后，检查螺母和履带板与链节接触面是否紧密接触。

（4）检查和调整履带张力。下部车体的部分销轴和销套的磨损随作业情况和土壤类型而变化，因此，为了保持标准张力，应经常检查履带的张力；进行检查和保养时应将机器停在平坦坚实的地面上。

1）检查。低怠速运转发动机，把机器向前移动一段距离，这段距离相当于履带在地面上的长度，然后停住机器；如图 5—59 所示，选择一根长杆③，放在引导轮①和托轮②上方的履带上；测量履带上部表面与长杆底面之间的最大距离，垂度"a"标准距离应为 $10 \sim 30$ mm（$0.4 \sim 1.2$ in）。

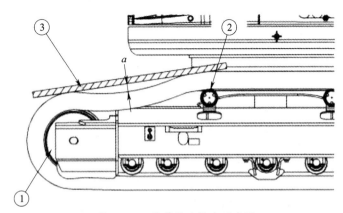

图 5—59　履带张力检查示意图

1—引导轮　2—托轮　3—长杆

2）调整。如图5—60所示，如果履带张力没有处在标准值，要按下列方法调整：当需增加张力时，准备一支黄油枪，用黄油枪通过油嘴②加入润滑脂，油嘴②与螺塞①为一体，为检查履带张力是否合适，要慢慢地向前移动机器 [7~8 m（23 ft~26 ft 3 in）]，再次检查履带张力，如果张力不合适，再进行调整，继续加入润滑脂直至尺寸S为零（0），如果张力依然松弛，可能是销轴和销套过度磨损造成的，必须进行颠倒或更换；当需放松张力时，逐渐松开螺塞①以排放润滑脂（见图5—60），最多转动螺塞①一圈，如果润滑脂不能顺畅地出来，短距离地向前向后移动机器并拧紧螺塞①，为检查履带张力是否合适，缓慢地向前移动机器 [7~8 m（23 ft~26 ft 3 in）]，重新检查履带张力，如果张力不合适，再进行调整。

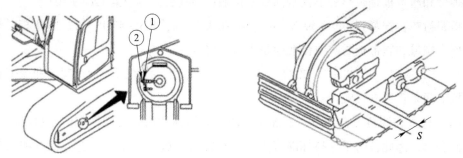

图5—60　履带张力调整示意图
1—螺塞　2—油嘴

警告：螺塞①在润滑脂的高压下有飞出的危险，一定不要松开螺塞①超过一圈；不要松动除螺塞①以外的任何部件，不要面朝螺塞①的安装方向；除上述提供的程序外，用任何其他程序释放润滑脂都是非常危险的。

（5）检查电加热器（选配）。在寒冷季节开始前（一年一次），需对电加热器进行修理或检查，是否有脏物或断开。

（6）更换铲斗齿（横销式）。在斗齿座磨损前，更换斗齿：将铲斗的底部放置在垫块上以便可以拆下销①（见图5—61），检查工作装置处于稳定状态，然后将安全锁定控制杆置于锁定位置，将铲斗的底部水平放置；将一根金属棒放在销头上，用锤子敲打金属棒以敲出销①，用一根直径略小于销的金属棒拆下斗齿②（见图5—62）；清洁安装表面，把新斗齿②装入齿座，把手把销①部分地推入，然后用锤子将销敲入锁定，将斗齿装在齿座上（见图5—63）。

警告：如果用过大的力敲出锁销，锁销会有飞出的危险，检查确认周围区域内不要有人。

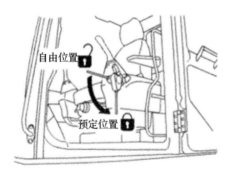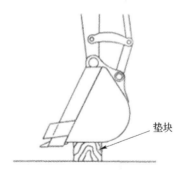

图 5—61　铲斗固定示意图

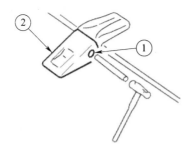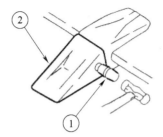

图 5—62　斗齿拆下示意图　　　　　图 5—63　斗齿安装示意图

1—手把销　2—斗齿　　　　　　　　1—手把销　2—斗齿

（7）调整铲斗间隙。将工作装置置于图 5—64 所示的状态，关闭发动机，并将锁定操纵杆置于锁定位置；如图 5—65 所示，移动连杆的 O 形环①，测量游隙量 "a"，如果将铲斗移向一侧或在一处测量总的游隙，测量将比较容易，使用塞（间隙）规，容易准确测量；松开 4 个固定螺栓②并松开板③，由于采用了开口垫片，完全可以在不拆下螺栓的情况下进行操作；根据上面所测的游隙量 "a" 拆卸垫片④，拧紧四个螺栓②，如果螺栓②不容易拧紧，为便于拧紧可抽出止动销螺栓⑤。

例：游隙为 3 mm 时，拆下两个 1.0 mm 垫片和一个 0.5 mm 的垫片，游隙变成 0.5 mm；对于垫片④，采用了 1.0 mm 和 0.5 mm 的两种类型。

（8）检查洗窗器清洗液液位并加液

1）如果洗窗器清洗液中有气，检查储液罐①中的液位（见图 5—66），如需要，添加洗窗器清洗液，添加液体时，注意不要让灰尘进入。

2）纯清洗液与水的混合比率。由于要根据气温改进混合比率，要按表 5—8 根据已考虑气温影响的混合率添加清洗液。

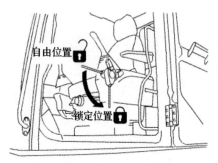

图 5—64　工作装置锁定

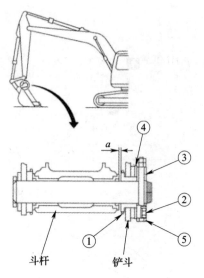

图 5—65　铲斗间隙调整示意图

1—O 形环　2—固定螺栓　3—板

4—垫片　5—止动销螺栓

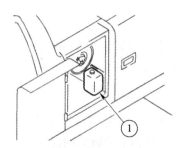

图 5—66　清洗液储液罐

1—储液罐

表 5—8　　　　　　　　　　　水与防冻液的混合比

操作区域	混合比	防冻温度
一般	纯清洗液 1/3，水 2/3	$-10℃$（$14°F$）
寒冷区域冬季	纯清洗液 1/2，水 1/2	$-20℃$（$-4°F$）
极冷区域冬季	纯清洗液	$-30℃$（$-22°F$）

纯清洗液分两种类型，即用于 – 10℃ （14°F） （通用） 和用于 – 30℃ （ – 22°F） （寒冷地区），应根据操作区域和季节选用纯清洗液。

（9）检查和调整空调器

1）检查制冷剂液位（气体）（见图5—67）。如果缺乏制冷剂，冷却性能会很差。在发动机高速空转下，操作空调处于强力制冷状态，装在冷凝器储液罐的观察窗（检查窗）内应没有气泡。

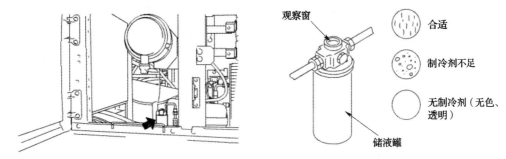

图5—67　制冷剂检查示意图

若制冷剂中没有气泡流动，则为正确；若制冷剂中有气泡流动，且气泡连续通过，说明制冷剂液位低；若为无色、透明，则没有制冷剂。

2）闲置季节中的检查。当长时间不用时，每月要对冷却器进行一次 3～5 min 的操作，以对压缩机各部件提供润滑。

3）冷却器的检查和保养项目（见表5—9）

表5—9　　　　　　　　　　　　冷却器的检查和保养项目

检查和保养项目	内容	保养周期
制冷剂（气体）	添加量	一年两次，春季和秋季
冷凝器	散热片堵塞	每500 h
压缩机	功能	每4 000 h
V形带	损坏和张力	每250 h
风扇电动机和风扇	功能（检查是否有异常响声）	需要时
控制机构	功能（检查功能是否正常）	需要时
连接管路	安装情况，连接部位 是否松动，是否漏气、损坏	需要时

备注：当有气泡时，制冷剂气体液位低，应添加制冷剂，如果空调在制冷剂液位低的情况下运转，会对压缩机造成损坏。

警告：如果制冷剂进入眼睛或沾到手上，会造成失明或冻伤，因此不要接触制冷剂，不要松开制冷剂管路的任何零件，不要让任何明火靠近制冷剂气体泄漏的部位。

（10）冲洗可冲地板

对于可冲地板来说，可以直接用水冲洗驾驶室地板上的脏物。

冲洗可冲洗地板垫：把机器停在水平的地面上，将铲斗降至地面，然后关闭发动机；当冲洗地板垫时，要用刷子除去脏物，或直接用水冲洗地板垫，并用刷子清洗。

冲洗方法：把机器斜置，如图5—68所示，慢慢回转上部机构，使驾驶室地板的排水口②处在较低的位置；将工作装置降至地面，并把机器置于稳定状态；将安全锁定控制杆扳到锁定位置，然后关闭发动机；拆下地板垫固定板③、地板垫、排水口②的盖，通过排水口②，直接用水冲出地板上的脏物；冲洗结束后，装上排水口②的盖和地板垫，然后用地板垫固定板③将地板垫固定。

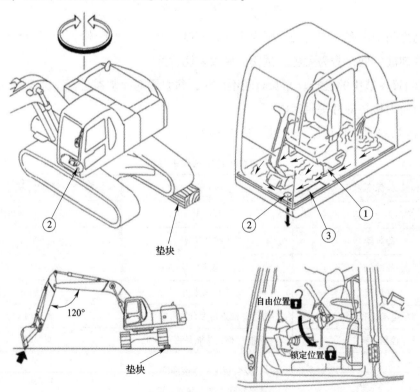

图5—68 冲洗示意图

1—操作人员座椅　2—排水口　3—地板垫固定板

备注：当进行冲洗作业时，注意不要把水溅到驾驶室内的监控器和连接器上；不要往操作人员座椅①座底以上的部位喷水，如果水溅到周围的部件上，要把水擦掉。

警告：当把机器以某一角度斜置时，要用坚固的垫块稳定机器，进行操作时要特别注意。

（11）斜置机器的方法

1）利用斜坡的方法：停住机器，使工作装置在下坡一侧，在履带下面放上垫块，并将工作装置插入地面，如图5—69所示。

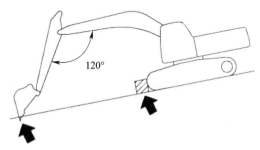

图5—69　斜坡停放

2）利用垫块的方法：缓慢操作操纵杆，用动臂和斗杆支起下部车体，如图5—70所示，在地面与支起的履带之间牢固地插入垫块，确保机器稳定，慢慢地提升动臂并降下机器。此时，要确保机器始终是稳定的。

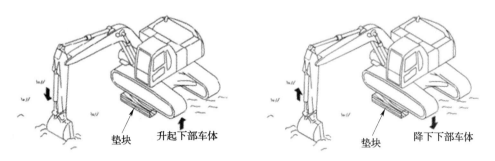

图5—70　垫块的使用

警告：选择一块坚硬平坦的地方，要在履带下面放上垫块以防机器移动，并将工作装置插入地面；在下部车体下面放上坚固的垫块以稳定住机器，当进行操作时要特别小心。

（12）排除液压系统中的空气

1）排出泵内空气：如图5—71所示，松开排气螺塞①并检查是否有油漏出；如果没有油漏出，从液压泵体上拆下排放软管，并通过排放口②向液压泵体内加注液压油；

将拆下的软管牢固地固定，使管与高压油箱内的油位同高，以使油不会喷出软管；排气完成以后，先拧紧排气螺塞①，然后安装排放软管。

注意：如果先安装排放软管，油会从排气螺塞①喷出；如果泵体内没有充满油时使泵运转，将会产生异常的热量，使泵过早地损坏。

2）起动发动机：起动后，低速运转发动机 10 min，然后开始操作。

3）排出液压缸内空气：低速运转发动机，伸、缩液压缸至距行程末端 100 mm（3.9 in）的部位（注意不要伸缩到行程末端），然后操作各液压缸至行程末端，重复操作 4～5 次以完全排出空气。

注意：如果立刻以高速运转发动机或操作液压缸至液压缸行程的末端，液压缸内的空气会使活塞密封损坏。

4）排出回转马达内的空气：低速运转发动机，松开 S 口处的软管①，并检查 S 口处软管①是否漏油，如图 5—72 所示；如果没有漏油，关闭发动机，拆下 S 口软管①并向马达壳体内加注液压油；完成排气后，拧紧 S 口软管①；低速运转发动机，缓慢均匀地向左向右至少回转两次，这样将会自动地排气。

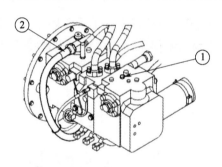
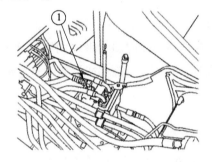

图 5—71　排出泵内空气示意图　　　　图 5—72　排出回转马达空气示意图
1—排气螺塞　2—排放口　　　　　　　　　1—S 口软管

注意：在任何情况下，不要进行高速回转，如果没有排出回转马达的空气，有损坏回转马达轴承的危险。

5）排出行走马达内的空气（当已经排放出行走马达壳体内的油时）方能进行：低速运转发动机，松开排气螺塞①，如果油流出来，拧紧排气螺塞，如图 5—73 所示；将工作装置回转 90°使其位于履带一侧，用工作装置顶起机器，将履带稍微升离地面，在空负荷的状态下转动履带 2 min，在左右两侧重复这种操作并均等地向前和向后转动履带。

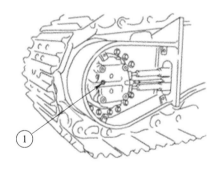
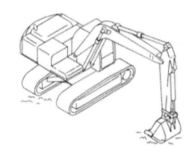

图 5—73　排出行走马达空气示意图

1—排气螺塞

6）从附件中排气（如装有时）：如果安装了破碎器或其他附件，可低速运转发动机，重复多次操作附件踏板（约 10 次），直至空气从附件油路内排出。

注意：如果生产厂家规定了附件排气的方法，要按照规定的方法排气。在开始操作前，要使机器搁置 5 min，这样会消除液压油中的气泡；检查时应没有漏油，并擦去溢出的油；完成排气操作后，检查油位并关闭发动机，如果油位低，还应加油。

（13）释放液压油路内部压力的方法。如图 5—74 所示，把机器停在水平、坚固的地面上，在停机后的 15 s 内，把起动开关转到 ON 位置；朝各方向充分地操作操纵杆（工作装置，行走），并缓慢地松开液压油箱顶面上的注油口盖（F），以释放内部压力。

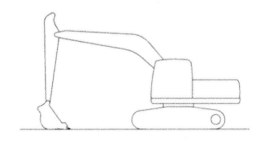
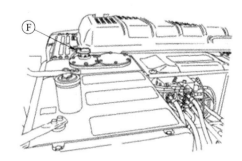

图 5—74　释放液压油路内部压力示意图

F—注油口盖

警告：在机器工作之后，发动机及各部件温度很高，容易造成严重烫伤，因此在更换滤油器、更换滤芯、清洁油箱等作业之前，应关闭发动机，等各部件冷却下来再进行作业。在拆下注油口盖或螺塞时，如果箱内还有剩余压力，注油口盖或螺塞会飞出，因此要缓慢地松开盖或螺塞以释放出油路中的压力。燃油附近严禁烟火，不要让明火靠近油类。当使用压缩空气时，有脏物飞出并造成人员伤害的危险，故应戴上防护眼镜、防

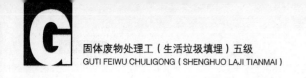

尘面罩或其他防护装置。在调整间隙时，如果工作装置由于误操作而移动是危险的，故应将工作装置置于稳定状态，然后关闭发动机，并牢固地锁住安全锁定控制杆。

5.3 装载机

学习目标

熟悉装载机起动前、停机后的例行保养工作

熟悉装载机的定期、不定期保养工作

5.3.1 例行保养

1. 起动前检查工作

（1）作业前检查装载机技术状态，确保技术状态良好方可起动。

（2）检查装载机各部位有无漏水、漏油、漏电、漏气现象，若有，则应找出原因并排除。

（3）检查易发生松动部位的螺栓、螺母的紧固程度，必要时应再拧紧。

（4）检查电线有无损坏、短路及端子是否松动。

（5）检查冷却水位，注意及时添加。

（6）检查发动机油底壳油位。

（7）检查液压油箱油位。

（8）检查各油管、水管及各部件的密封性。

（9）检查轮胎气压是否正常。

（10）检查制动踏板行程。

（11）检查并确保所有灯具的照明及各显示灯能正常显示，特别要确保转向灯及制动显示灯的显示正常。

（12）发现问题及时汇报修理工。

（13）清理作业现场人员、障碍物及其他危及安全的因素后，方可起动。

（14）除特殊情况，车辆不要停靠在斜坡上，如需在斜坡上停靠，应将车头朝下坡方向，并锁住制动踏板。

2. 停机后检查工作

（1）装载机应停在平地上，并将铲斗平放地面。当发动机熄火后，需反复多次扳动工作装置操纵手柄，确保各液压缸处于无压休息状态。当装载机只能停在坡道上时，要将轮胎垫牢，关闭门窗。

（2）清理装载机车身及车轮夹杂垃圾，冲洗驾驶室内外，做到驾驶室内干净、整洁，保持车身表面清洁，养成工作结束后擦车的习惯。

（3）装载机操作人员必须做好设备的日常保养、检修、维护工作，做好设备使用中的每日记录，不能带病作业，发现问题及时汇报修理，配合维修人员工作。

3．例行保养记录（例行保养检查表见表 5—10）

（1）作业前、后机器外露部位保持整洁。

（2）检查紧固件有无松动丢失，并予以拧紧和补齐。

（3）检查各部位机件有无损坏。

（4）检查各润滑处是否加足润滑油。

（5）检查燃油箱、液压油箱、制动油壶油位，油位高度必须符合要求。

（6）检查发动机冷却水是否加足。

（7）检查电气系统的线接头有无松脱，蓄电池的电量是否足够。

（8）检查各仪表、灯泡是否完整、良好。

（9）检查各操纵是否灵活、可靠。

（10）起步后检查有无漏油、漏水情况，有无异常的声响。

（11）试验制动是否可靠，转向是否灵活。

表 5—10   例行保养检查表

序号	保养项目	保养内容	保养结果
1	检查漏油、漏水、漏电	检查	
2	检查螺栓、螺母	检查及拧紧	
3	检查电路	检查及拧紧	
4	检查冷却水位	检查及补充	
5	检查发动机油底壳油位	检查及补充	
6	检查燃油油位	检查及补充	
7	燃油箱排出杂质	放出水及沉积物	
8	检查灰尘指示器	检查及清理空气滤清器	
9	检查制动踏板行程	检查及调整	
10	其他		

装载机工（签名）：   日期：

5.3.2 一级保养

1. 最初 250 h 保养

机器在运行最初 250 h 以后，应进行下列加注润滑油保养：

（1）铲斗下铰接销铰接处。

（2）铲斗下边的铰接销轴（2 处）。

（3）后桥摆动架 2 个铰接处。

（4）液压缸和连杆铰销工作装置各铰接处，共计 11 处（铲斗两个下铰销除外）。

（5）左右转向液压缸轴承，共计 4 处。

（6）前后车架上下铰接轴承。

2. 每 250 h 保养

在进行任何操作或维护之前，必须阅读并理解本手册中安全章节中的警告和说明。

（1）更换发动机机油和过滤器

1）拆下曲轴箱排油螺塞，让油流出后，清洁并安装好螺塞。

2）打开机器左维修门，用带状扳手拆下过滤器。

3）清理过滤器外壳底座并拆除所有旧的过滤器垫片。

4）在新过滤器垫片上涂上一层薄薄的发动机润滑油。

5）用手安装新过滤器，当垫片接触到过滤器底座时，再拧紧过滤器半圈。

6）拆下加油口盖，向曲轴箱加入新油，清理并装上加油盖，详细操作参见"工作用油黏度和加满容量"。

7）起动发动机将油加温，检查泄漏情况后，关闭发动机。

8）保持发动机机油在油标尺的正常位置。

9）关闭维修门。

（2）制动系统

试验行车制动器的制动能力，确保机器周围无旁人和障碍物。

1）前后车架固定杆收起来，在干燥水平路面上试验制动器。下列试验用于确定行车制动功能是否正常，而不用于测量最大制动力。

发动机在某一速度运转时所需要的车辆制动力，将随发动机调定值、传动系统效率等不同而变化，同时也和制动器的制动能力有关。机器开始行驶，行车制动器制动时发动机的转速，应与该机原始试验制动停车时的发动机转速比较，作为系统磨损的标志。

起动发动机，将铲斗稍微举起，行车制动器制动，停车制动器释放；行车制动器制动时，将变速箱置于前进二挡；逐渐增大发动机转速到高速空转，机器不应行驶，如果机器开始行驶，立即降低发动机转速并合上停车制动器；让发动机转速降到低速空转，并将变速箱置于空挡，合上停车制动器，将铲斗放于地面，关闭发动机。

2）前后车架固定杆放起来，在斜度大于8°的干燥水泥路面进行试验，其斜坡长约20 m。下列试验用于确定停车制动功能是否正常，而不用于测量最大制动力。

起动发动机，并举起铲斗到运输位置（离地40 cm）；将机器行驶至斜坡中央，踏下行车制动踏板以让机器停止（此时仍不松开行车制动踏板），将变速箱置于空挡，合上停车制动器，松开行车制动踏板（发动机不能熄火），观察机器是否下移，此时，如果机器在5 min内不下移，则停车制动器正常，如果机器移动，立即踩下行车制动踏板以让机器停止移动，并迅速将机器开离斜坡。

（3）冷却系统

检查冷却液液位，加冷却液添加剂；打开位于发动机罩上的散热器的维修门，巡视机器，检查机器；慢慢拧开位于机器后部的发动机罩内的散热器盖，释放压力；保持冷却液液位于加水口下1 cm范围内，如果每天都要加水的话，检查泄漏情况；加入0.25 L冷却液添加剂，检查盖子的密封，如果损坏则应更换；装上盖子，关上维修门。

（4）传动轴花键：润滑花键。拆开前后车架固定杆，起动发动机；将机器右转或左转到极限位置；将铲斗放下，合上停车制动器，关闭发动机；润滑铰接传动轴花键处。

（5）风扇和交流电动机带：检查——调节——更换。检查带的状况及调节其松紧程度，如果有带磨坏或损坏，则应更换该带组件；检查交流电动机带及风扇带的状况，并调节其松紧程度，在110 N力作用下，皮带应下垂14～20 mm，否则，应进行调节。

（6）风扇轴承：润滑。打开发动机维修门，润滑风扇轴承。

（7）发动机机油：检查油位。打开机器侧面的维修门，保持油位在油标尺上的正常记号之间，如果需要加油，打开加油盖加油；清理并装上加油盖，最后关上维修门。

注意：曲轴箱不能加油过量，以免发动机损坏。

（8）变速箱油：检查油位。变速箱油标尺位于机器左侧，低速空转时保持油位在油标尺两刻度之间，根据需要加油，清理并装上加油盖。

（9）液压油：检查油位。液压油箱位于机器驾驶室后面，液压油油位在其左侧，加油过程中，铲斗应水平放置于地面；保持油位在油位计中间，如果需要加油，打开加油盖，用油管加油，最后清理并盖上加油盖。

（10）燃油箱：排放水和沉淀物。燃油箱位于机器后部，其排放螺塞位于燃油箱右底部，应慢慢松开排放螺塞让水和沉淀物排出，最后拧紧排放螺塞。

（11）制动液：检查液位。检查位于前车架右边铰接处以及后车架左边的前后制动加力器液位，如果需要，补充制动液。

（12）清洗玻璃窗。将窗户打开，使用普通玻璃窗清洗液清洗窗户。

（13）仪表及灯。起动发动机，检查有无损坏的仪表、仪表玻璃和开关，检查所有灯的情况，鸣响电喇叭，最后关闭发动机。

（14）其他保养。检查工作装置和连杆机构的磨损情况，如果损坏则应更换；检查并清除发动机罩上的灰尘杂物；检查冷却系统的泄漏、软管故障和积尘情况，排除泄漏并清除散热器上的杂质；检查液压系统的泄漏情况，检查油箱、各软管、硬管、螺塞、接头接口，排除泄漏情况；检查机器前后差速器及终传动、湿式制动的泄漏情况；检查变速箱的泄漏情况；检查轮胎有无损坏及轮胎压力；检查各处的盖子和护罩等是否关闭好，检查其损坏情况；检查扶梯、过道和扶手的情况和清洁情况；检查驾驶室的清洁度，保持干净；检查仪表板的仪表和开关，如果有损坏则应更换；检查后视镜以获得最佳视野。

3. 每 500 h 保养

除以下项目外，同时应进行每 250 h 保养。

（1）发动机曲轴箱换气阀：清理换气阀。

（2）变速箱：更换过滤芯。打开机器维修门，拆下过滤器外壳，拆下并丢弃旧过滤芯；用干净不可燃溶剂清洗过滤器外壳及外壳底座，安装一个新过滤器芯于外壳内；检查过滤器外壳密封，如果损坏则应更换；起动发动机踩下行车制动，缓慢操作变速箱各控制杆，让变速箱油循环；将变速箱操纵杆置于中位，检查其泄漏；保持油位在规定的正常位置，如果必要，从加油管加油；关闭发动机并关上维修门。

（3）液压系统：更换过滤器并检修液压系统。拆下加油口盖，释放油箱内压力；拧松过滤器固定螺栓，拆下盖子和滤芯，扔掉滤芯；检查 O 形圈的情况，如果必要则应更换；装上新过滤芯和盖子，拧紧盖子固定螺栓；保持液压油位在油标尺中间，如果必要则通过加油口加油；检查加油口盖子的密封，如果损坏则更换密封垫，最后装上加油口盖。

（4）燃油系统：清理和更换过滤器

注意：在过滤器安装之前，不要加油，含杂质的燃油会引起燃油系统的磨损加快。

1）清洗粗过滤芯

按照柴油机使用维护手册进行，下列步骤仅供参考。打开机器侧边维修门，拧松过滤器外壳保持螺栓，拆下外壳及滤芯；从外罩中拆下滤芯，在干净、非可燃溶剂中清洗过滤器芯和外壳，用压缩空气吹干滤芯；清洗过滤器外壳底座，检查密封圈，如果损坏则应更换；安装干净过滤芯，将过滤芯和外罩装入外壳内，重新拧紧螺栓。

2）更换细燃油过滤器

按照柴油机使用维护手册进行，下列步骤仅供参考。拆下并报废旧过滤器，清理过滤器安装底座，注意将所有旧密封圈取走；在新过滤器密封圈上涂上干净柴油，用手安装新过滤器，当密封接触到底座时，再拧 3/4 圈；最后起动柴油机系统（参见以下内容）。

3）起动燃油系统：在过滤器和油泵体加油之后，如果发动机不能起动或运转不平稳，喷油泵和高压管路必须加油起动，每个喷油泵都有一个溢流单向阀，用手动泵压不能打开，采用下列步骤给喷油泵和管路加油。

在发动机气缸头处拧松喷油管，将油门控制杆扳到低速空转位置；发动柴油机直至柴油从所有管路流出，没有空气泡，停止起动发动机；拧紧燃油管螺母，扭矩为 40 ± 7 N·m，用另一个扳手卡紧喷嘴以防其损坏；起动柴油机，检查其泄漏；关上维修门。

注意：如果只用一个扳手拧松或拧紧燃油管路螺母，燃油喷嘴可能由于扭曲而造成永久性损坏，应用一个扳手夹紧喷嘴，另一个扳手拧松螺母。

（5）起动泵：过滤器和泵体检查。打开泵体上的燃油系统排气阀；松开起动泵柱塞，然后上下压起动泵柱塞，当燃油流出，且无气泡时，关上泵，锁紧柱塞，并关上排气阀；起动柴油机并检查其泄漏情况。

（6）燃油箱盖及加油过滤网检查（燃油箱加油盖位于机器最后）。拆下盖子，如果密封垫损坏，更换盖子；从加油口取出粗滤网，用干净、非可燃溶剂清洗粗滤网；装上粗滤网和燃油箱加油盖。

（7）检查多路阀及各种液压缸的漏损情况，若有使工作装置严重下降现象，则应修理排除。

（8）检查制动总泵带有无破损。

（9）调整轮毂轴承间隙，并使制动盘外端面跳动小于 0.20 mm。

4. 每 1 000 h 保养

除以下项目外，同时应进行每 250 h 保养和每 500 h 保养。

（1）变速箱油：更换变速箱油。让发动机工作将油加热，机器应处于水平位置，将铲斗放下并稍微施加向下的压力。合上停车制动器，关闭发动机。

拆下变速箱放油螺塞，将油放出；更换过滤器芯，具体操作参见"每 500 h 保养"中"变速箱"部分；拆下吸油管并从箱体上拆下油底壳总成，从油底壳总成上拆下支撑板总成；从支撑板总成上取下磁铁，用干净硬刷或压缩空气将磁铁清理干净；清理吸油管、支撑板总成和油底壳，如果滤网损坏，应更换支撑板总成；将磁铁装在支撑板总成上，将支撑板总成装在油底壳上；检查密封垫，如果损坏，则应更换；安装油底壳总成，拧紧螺栓，装上吸油管；清理并安装变速箱排油螺塞；从加油口向变速箱加油，具体细节参见"工作用油黏度和加满容量"；拆下变速箱顶上的换气阀，安装一个新的；起动发动机，踩下行车制动，缓慢操作变速箱操纵杆，让油循环，将变速箱操纵杆置于空挡；保持变速箱油在规定的正确位置，如果必要，通过加油口加油；最后关闭发动机。

注意：不能将磁铁在任何硬物上敲打，如果磁铁损坏应更换。

（2）传动轴万向节：润滑。向中轴万向节中的润滑油嘴加注锂基润滑油；向前轴装置润滑油嘴加注锂基润滑油；向后传动轴万向节的润滑油嘴加注锂基润滑油。

（3）更换其他燃油及油路系统用油、前后桥的齿轮油及刹车油等，并把管道、油管、滤清器等清洗干净，然后注入经过净化的新油。

（4）拆洗制动总泵，检查制动效果。

（5）检查前后桥、主传动器齿轮啮合情况，若主、从动锥齿轮的齿轮间隙过大，则应调整到 0.2 ~ 0.34 mm。

（6）工作装置和机架，有无变形、焊缝断裂现象。

5. 每 2 000 h 保养

除以下项目外，应同时进行每 250 h 保养、每 500 h 保养和每 1 000 h 保养。

（1）更换液压油箱液压油。让机器停止工作，将油加温；使机器处于水平地面，所有工作装置置于地面并施加一定向下压力；合上停车制动器，发动机关闭。

拆下液压油箱的加油盖；打开液压油箱底部的排油阀，让油流出后关上排油阀；更换液压系统过滤器，参见"每 500 h 保养"中的"液压系统"；拆下加油滤网，清理和安装加油滤网；向液压油箱加油，参见"工作用油黏度和加满容量"；检查加油盖垫片，如果损坏则更换垫片；安装加油盖；起动并运转发动机几分钟；保持油位处于油标尺中间位置，如果必要，通过加油口加油；关闭发动机。

（2）更换差速器和终传动油。拆下前后桥放油螺塞，将油放出；清理并安装放油螺塞；拆下前后桥加油螺塞，通过加油口向桥加油，参见表 5—11、表 5—12；安装加油螺塞；起动发动机让机器工作几分钟，重新检查油位，如果必要，再次加油到规定位置；安装加油螺塞。

表 5—11 工作用油黏度

工作用油黏度和温度范围			
油箱或系统	黏度	温度（℃）	
		最低	最高
发动机机油	SAF 5W – 20，5W – 30，5W – 40	– 40	0
	SAE 10W	– 20	+ 10
	SAE 10W – 30	– 20	+ 40
	SAE 15W – 40	– 15	+ 50
	SAE 30	+ 40	
	SAE40	+ 5	+ 50
变速箱油	SAE 10W	– 20	0
	SAE30	– 10	+ 40
	SAE50	0	+ 50
液压系统用油	SAE10W	– 20	+ 40
	发动机机油 SAE30	+ 10	+ 50
	发动机机油 SAE5W – 20	– 40	0
差速器及终传动油	SAE80W	– 25℃以上	
	SAE90	– 10℃以上	
制动液	SAF J1703f DOT3 或 DOT4		

表 5—12　　　　　　　　　　　　工作用油加满容量

加满容量（近似值）	
油箱或系统	（L）
冷却系统	46
燃油箱	220
发动机机油	35
变速箱油	45
桥差速器及终传动油（单件）	40
液压油箱	155

（3）调节发动机气门间隙。为了防止人员伤亡，不能用起动马达来转动飞轮；高温发动机组件可能造成烫伤，在测量气门的间隙前，应先让发动机冷却下来。

注意：测量气门的间隙时应关闭发动机，为了获得精确的测量数据，先停机20 min，使发动机汽缸头和缸体温度相同。

发动机气门转子调定检查：调定气门的间隙后，观察发动机空转时转动情况；检查气门的转子时应戴上防护眼镜或防护面罩，并穿上防护衣服，以防被热油烫伤；起动发动机并低速运转，观察每个气门转子的顶面，气门每次关闭时每个转子应稍微转动，如果转子不动，与维修人员联系。

6. 每 4 000 h 保养

除以下项目外，应同时进行每 250 h 保养、每 500 h 保养、每 1 000 h 保养和每2 000 h 保养。

更换冷却液并清洗冷却系统。观察到冷却液有杂质或起泡沫时，应尽快更换冷却液。

打开散热器维修门，慢慢拧开位于机器后罩顶部的散热器盖，释放压力；打开排放阀，让冷却液排出，排放阀位于散热器底部；关上排放阀，向系统加上浓度为 6% ~10% 的冷却系统清洗液，起动并运转发动机 1.5 h，关闭发动机并排出清洗液；关闭发动机，用清水清洗冷却系统，直到水排完为止，关上排放阀；加入冷却液，参见"工作用油黏度和加满容量"；起动并运转发动机，打开散热器盖，直到恒温器打开，液位稳定；冷却液面应保持在加液管底下 1 cm 范围内；如果盖子垫片损坏，则应更换，最后安装盖子并关闭发动机。

7．不定期保养

（1）离合器

1）离合器踏板自由行程的调整。为保证离合器在传递动力时不打滑，离合器分离轴承与分离杠杆之间应保持一定间隙，具体到踏板上应有 25 ~ 30 mm 的自由行程距离。使用过程中，由于摩擦片磨损，分离杠杆与分离轴承之间的间隙将逐渐减少，甚至消失。因此必须定期检查和调整踏板的自由行程。自由行程调整是通过改变离合器拉杆的长度来实现的，放长离合器拉杆，踏板自由行程便减少，缩短离合器拉杆，自由行程增大。

2）离合器分离杠杆位置的调整。离合器的三个分离杠杆端面应在同一平面内，彼此相差不超过 0.15 mm，用转动调节螺栓的方法进行调整。

（2）驱动桥。主、被动齿轮已按接触区标准进行选配，因此，可长期使用不进行调整，只有在更换损坏零件或因零件磨损而移动时，方需进行调整。调整时应注意以下几项：主动齿轮的轴承间隙，由主动齿轮上的轴承内圈背后的垫座来调整，调整后应该没有间隙而又能自由转动；主、被动齿轮的齿侧间隙，在主动齿轮的法兰盘半径 45 mm 的周围上测时，其位移（弧长）应在 0.2 ~ 0.4 mm；每行驶 100 h 后，检查驱动桥油面，正确的油面高度为不低于加油口下缘 10 mm，否则要添加；每行驶 300 h 后，应更换齿轮油；每行驶 100 h 后，应更换一次轮壳轴承润滑脂，调整轴承预紧度到合适为止。

（3）制动系统。装载机制动采用液压制动系统，制动踏板全行程 160 mm，自由行程为 8 ~ 10 mm，当发现制动踏板太低时应检查管道是否漏油、蹄片与制动鼓的间隙是否过大、管路中是否有空气。

（4）工作装置液压系统。工作装置液压系统是由齿轮泵、多路换向阀、优先阀、动臂液压缸、翻斗液压缸、转向液压缸、工作油箱及油管等组成。压力油从齿轮泵经优先阀、多路换向阀，通过操纵相应的滑阀把油液输送到各液压缸。工作装置不工作时，油液经多路换向阀的中间油道回油箱。

5.4　压实机

学习目标

熟悉压实机起动前、停机后的例行保养工作

熟悉压实机的定期、不定期保养工作

5.4.1 例行保养

1. 起动前检查工作

（1）作业前检查压实机技术状态，确保技术状态良好方可起动。

（2）检查压实机各部位有无漏水、漏油、漏电现象，若有，则应找出原因并排除。

（3）检查易发生松动部位的螺栓、螺母的紧固程度，必要时应再拧紧。

（4）检查电线有无损坏、短路，端子是否松动。

（5）检查冷却水位，注意及时添加。

（6）检查发动机油底壳油位。

（7）检查液压油箱油位。

（8）检查各油管、水管及各部件的密封性。

（9）检查制动踏板行程。

（10）检查所有灯具的照明，并确保各显示灯能正常显示，特别要确保转向灯及制动显示灯的正常显示。

（11）发现问题及时汇报修理工。

（12）清理作业现场人员、障碍物及其他危及安全的因素后，方可起动。

（13）除特殊情况，车辆不要停放在斜坡上。

2. 停机后检查工作

（1）压实机停在平地上，当发动机熄火后，需反复多次扳动工作装置操纵手柄，确保各液压缸处于无压休息状态。

（2）清理压实机车身及车轮夹杂垃圾，冲洗驾驶室内外，做到驾驶室内干净、整洁，保持车身表面清洁，养成工作结束后擦车的习惯。

（3）压实机操作人员必须做好设备的日常保养、检修、维护工作，做好设备使用中的每日记录，不能带病作业，发现问题及时汇报修理，配合维修人员工作。

3. 例行保养记录（见表5—13）

（1）检查发动机油底壳液位。机器必须在水平位置，如果油位低于 MIN 记号，或高于 MAX 记号，不能起动发动机。在发动机停机后，在检查油位前至少等待 5 min，以使所有机油流入油底壳；拔出油尺，用没有毛头、干净的布把油尺擦干净，将油尺重新插回到底并再次拔出；油位一定要到达 MAX 记号，如果需要则加满；MAX 和 MIN 记号间的加油量约为 2 L。

表 5—13　　　　　　　　　　　　　例行保养检查表

序号	保养项目	保养内容	保养结果
1	检查有无漏油、漏水、漏电	检查	
2	检查螺栓、螺母	检查及拧紧	
3	检查电路	检查及拧紧	
4	检查冷却水位	检查及补充	
5	检查发动机油底壳油位	检查及补充	
6	检查燃油油位	检查及补充	
7	燃油箱排出杂质	放出水及沉积物	
8	检查灰尘指示器	检查及清理空气滤清器	
9	检查制动踏板行程	检查及调整	
10	其他		

压实机工（签名）：　　　　　　　　　　　　　　　日期：

（2）检查冷却液液位。发动机在热的时候不要取走散热器盖子，不要在热的发动机内加入冷的冷却液，如果必须将冷却液加满，只能使用经特别准备的冷却液；冷却液必须到达加液口颈部，需要则加满。

（3）排放燃油系统油水分离器内的积水。拧 1/4 ~ 2 圈打开排放阀，把油水混合物排出并接住，直到干净的燃油开始排出为止。

（4）检查 V 形带。纵向小的裂痕是允许的，纵向大的裂痕是不允许的；如果材料断开，或在纵向和横向有相交的切口，或组织磨损后出现碎片的迹象，则更换 V 形带。

（5）检查燃油液位。打开前车架上的翻盖，打开油箱盖并将油箱盖拿开，将加油口开口处附近区域清理干净并添加燃油。

（6）检查液压油液位。通过玻璃指示管检查油位。

注意：当室内温度在（约 20℃时，液位指示管上的液位应对在指示管总长度约 1/3 的位置，如果油位太低，把液压油加满；当在进行每天液位检查时，如果发现油位下降，检查所有管路、软管和元件是否泄漏；如果系统内使用的是 Panolin HLP Synth. 46 液压油，添加时只能使用相同的液压油。

（7）润滑垃圾推板。清理润滑油脂油嘴（7个），并以黄油枪压约5下的润滑油脂量润滑。

（8）用肉眼观察是否有损坏和泄漏。检查整个机器和附件的情况是否完整，检查所有管路和软管的情况以及是否有泄漏，修理所有损坏的部位。

5.4.2　一级保养

1. 最初250 h保养

机器在运行最初250 h以后，应进行下列保养：

（1）转向离合器箱（包括变速箱和变矩器）润滑。

（2）工作油箱及滤清器润滑。

（3）终传动箱润滑。

2. 每250 h保养

（1）更换发动机机油和机油滤清器

拧开加油口的盖子，拿开后保养盖板，拧开放油塞上的保护盖；取下右手侧储物仓内的放油软管并拧上放油软管，把机油排出并接住；在所有机油放光后拧下放油管，并把保护盖子拧上；用适当的扳手拧下滤清器，把滤清器座上的密封表面清理干净，在机油滤清器上的橡胶密封上抹上一层薄的油膜，根据制造商的规定拧紧滤清器；从加油口部加入新的发动机机油，拧上盖子，进行短暂的试车并检查滤清器和放油塞是否泄漏；将发动机停机并等待约5 min，使机油流回油底壳内，再次检查液位，如有需要则将油加满到MAX标记。

（2）检查防冻液和冷却液添加剂

注意：检查冷却液对于避免发动机的损坏是十分重要的，如腐蚀、气蚀和结冰。

1）通过测试包进行测试。额定值：防冻液浓度为容量的40%～60%，DCA4含量为每升0.4～0.5个单位。

2）测试的分析。如果每升冷却液内DCA4的值高于0.8个单位，不要更换冷却液直到达到指定的值；如果每升冷却液内DCA4值低于0.3个单位，加满所需要量的液体DCA4添加剂，并更换水过滤器。

（3）更换冷却液滤清器。拧开补偿箱上的盖子；按逆时针方向把冷却液开/关阀转到OFF的位置；松开冷却液滤清器并拧下；拧上新的滤清器并按照制造商的要求拧紧；按顺时针方向把冷却液开/关阀转到ON的位置；在短暂的试车后检查滤清器是否有泄漏。

注意：如果每升冷却液内 DCA4 值高于 0.8 个单位，不要更换冷却液直到达到指定的值（每升 0.4~0.5 个单位）。

（4）更换燃油滤清器。用合适的滤清器扳手把两个燃油滤清器拧下；把滤清器座上密封表面清理干净；根据润滑油和燃油表在新的滤清器内灌入干净的燃油；在橡胶密封圈上抹上一些油；用手拧上新的滤清器，并根据制造商要求把滤清器拧紧。

注意：滤清器分为精滤和粗滤（带水分离器），在安装时不要将两个滤清器弄错。

3. 每 500 h 保养

除以下项目外，同时应进行每 250 h 保养。

（1）检查刮板固定情况。将垃圾、绳索、钢索、钢丝等去除以避免压实轮轮毂钢板边缘过早磨损。

检查刮板和压实轮之间的间隔，间隔必须在约 5 mm（0.2 in）；检查在刮板组上的固定螺钉是否紧固，如果需要则拧紧；检查水平割刀是否紧固，如果有需要则拧紧；检查压实轮内部，将绳索、钢索、钢丝等去除；检查刮板，如果磨损则翻新。

注意：在割刀与压实轮轮毂最紧密处必须有金属与金属的接触，只有这样调整钢丝才能被有效地割断。

（2）检查分齿轮内的润滑油液位。在发动机停机后通过玻璃指示器检查油位，液位应当达到玻璃指示器中部以上稍许的位置，如果需要将油加满；清理透气滤清器附近的区域并拧下透气滤清器，清理透气滤清器并将透气滤清器拧回原来位置。

（3）检查行星驱动内的润滑油液位。驱动机器直到放油塞到达其最低的位置；清理加油口和油位塞并把它们拧开；检查油位，油位应当在孔下侧的边缘，如果需要则加满；把加油口和油位塞拧回原来位置并拧紧。

注意：检查所有 4 个行星驱动内的油位。

（4）检查发动机固定情况。检查所有在发动机固定支架上的固定螺钉是否紧固，如果需要则拧紧。

（5）检查、清理发动机散热器和液压油冷却器。打开在散热器罩左右两侧的保养盖板，先从进气管一侧清理液压油冷却器和散热器；移开保养盖板，从进气一侧清理两个冷却器，用合适的刷子刷除干固尘垢；用压缩空气冷却空气通道；如果有粘有油的尘垢，在所有零件上喷上冷的清洁剂，当浸泡时间充足后用水枪洗去；最好使用蒸汽清洗设备以取代其他清理方式，在湿的清洗后，起动发动机，蒸发所有的水分以防止锈蚀；将保养盖板装回原位。

注意：工作环境脏、特别是润滑油和燃油黏附在冷却片上，会极大地降低液压油冷却器的冷却效果。应当避免任何出现在冷却风扇、液压缸或油冷却器附件的机油和燃油泄漏现象，并随后清理冷却片，在清理时小心避免损坏液压油冷却器和散热器；使用水枪时保持安全距离，按照正确的顺序清理冷却器；在清理冷却器后必须要清理发动机；应将电器设备上的所有零件盖住，不要将水直接喷射在上面。

（6）蓄电池的维护：检查主蓄电池切断开关

注意危险：蓄电池有腐蚀性；当蓄电池工作时不要使用明火，不要抽烟，穿着保护衣物；不要将任何工具放在电瓶上；对蓄电池重新充电前，拧开所有塞子以避免高度易爆气体的聚集。

注意：将废蓄电池用保护环境的方式处理。

1）无须保养的蓄电池：清理蓄电池及蓄电池仓；清理排水孔。拧开塞子检查硫酸液位：带控制件的，检查硫酸液位是否已经到达控制的底部；不带控制件的，用一根干净的木棍测量硫酸液位，它应位于铅板上部边缘约 10～15 mm 处。使用蒸馏水补充缺少的液体；清理蓄电池电极和夹子，并在上面抹上耐酸油脂（凡士林）；检查蓄电池的固定情况；带透明壳体的蓄电池，检查液位是否到达在壳体上的标记。

2）无须保养的电瓶：清理电瓶，并在电极上抹上润滑油脂；拧紧电极夹子，检查主蓄电池切断开关；使用开关，并用电压表测试（起动开关测试）电瓶是否与机器的电气系统切断。

注意：要考虑到取暖器会继续运行 2 min。

（7）检查中央润滑系统并添加润滑油脂

1）润滑。以下润滑点由中央润滑系统用润滑油脂经济而可靠地润滑：2 处位于垃圾推板下部的轴承组；1 处位于推板液压缸眼部；4 处位于转向液压缸眼部；2 处位于铰接连接处；4 处位于铰接连接转动环部。两次暂停和工作循环需要区分，暂停即没有润滑期间超过 60 min，工作即在工厂内已经过调节。

2）检查。打开起动开关，按下起动按钮 2 s，使在透明罐子内的搅动装置工作，并将油脂压向润滑点。

注意：按钮只能用于检查系统。

3）润滑点出现故障（如润滑点堵塞）。若油脂从开口冒出，说明润滑点中的一个堵塞，应排除起因。

4）通过油嘴加油脂。当油罐只有 1/4 容量时添加油脂；清理油嘴；通过油嘴将油罐内的油脂加到 MAX 记号处；将起动开关打开，起动按钮 2 s，中央润滑系统将开始工作。

注意：确保绝对干净，不然分配器会堵塞；不要通过油罐盖子加油脂。

5）使用手动黄油枪加油。取下油脂罐两个盖子；拧开手动黄油枪上的连接件，把手柄完全拉出；三角标记向前将油脂罐推入手动黄油枪内；检查密封圈是否完好地放在连接件内；把连接件拧回到手动黄油枪上；把中央润滑系统盖子附近的表面清理干净；把盖子从中央润滑系统上拧下，并拧下手动黄油枪上泵的塞子；把手动黄油枪泵拧到中央润滑系统的加油座上；用手动黄油枪泵上的手柄把润滑油脂压入透明油脂罐内；拧下手动黄油枪，放入一个新的油脂罐并重复以上加油步骤，直到玻璃罐内的油脂加到油罐上的 MAX 记号处。

注意：确保绝对干净，不然分配器将被堵塞；在加油完毕后把盖子和塞子拧回到原来位置。

（8）更换垃圾推板液压缸内的润滑油脂罐。拿开保护板；将连接在油脂罐上的连接套管拧开；打开固定夹子，并把旧的油脂罐取下；安装时把在油脂罐螺纹上的塞子拧开；把连接套管拧在油脂罐的连接件上并拧紧；放入新的油脂罐，并用固定夹子将油罐固定；将带有密封圈的螺钉向里拧，直到密封环断裂；盖上保护板。

危险：该操作有受伤危险；不要把在垃圾推板上的油脂罐打开，油脂罐在使用后有时仍有压力；一旦损坏，腐蚀性液体会流出，应立即用大量的水清洗。

（9）润滑驾驶室门铰链和保养盖板。清理所有油嘴，并用来自黄油枪的高压油脂润滑，用油壶润滑其他铰链。

（10）空调的维护（夏季操作）

空调安装在驾驶室顶部，可以从外部对空调进行维护。

1）攀爬：将梯子勾入倾覆保护结构内，把安全带固定在倾覆保护系统上。

2）更换活性炭过滤器：打开两侧的锁定机构并把滤清器盒翻下；更换两侧的两个活性炭滤清器；把滤清器盒重新关上。

3）清理滤芯：打开两侧的锁定机构并把滤清器盒取下；将滤芯从滤清器盒中取出；检查滤芯，更换损坏的部分；至少在 500 h 后更换滤芯；用刷子清理滤芯，通过振动或吹除的方法清洁过滤网。

4）清理冷凝器：松开橡胶带或打开快速锁定装置，打开盖板并将盖板向后翻；用压缩空气或喷水清洗冷凝器散热片；关上盖板。

5）更换冷凝器风扇过滤器：打开罩壳的前部；松开通风器框架的夹子，并将风扇取下；拧开固定螺母，并将框架从风扇上取下；取出旧滤清器，并放入一个新的滤清器；按照相同的方法更换第二个风扇的滤清器。

6）更换空调系统内的干燥器：每年更换一次干燥器。

7）检查空调系统的工作情况：在发动机工作和空调打开时，从空调单元吹出的空气必须低于周围的温度。

注意：在灰尘非常多的情况下，必须以更短的时间间隔清理滤芯。至少每个月开启空调一次，并运行片刻（约 10 min）。如果气味重，需要更频繁地更换过滤器。在通风器关闭时把驾驶门快而有力地关闭会在驾驶室内造成短时间高于外部的压力，这种方式对空气过滤网有一定的自我清理效果。受污后的冷凝器会极大地降低空调的效率。在极度条件下（灰尘大），每月应清理冷凝器数次。如果空调单元工作时报警蜂鸣器持续鸣叫，关闭空调单元并清理冷凝器；不要用热水清理，热量会造成极度的过压，它会损坏系统，甚至造成空调系统爆炸。滤清器上的槽口必须排有输电电线；将滤清器上的三个凹口对着固定螺栓；滑动式窗户和新鲜空气进气口必须关闭。不要使用任何液体清理过滤网；在滤芯纸筋排列为垂直的方向插入滤芯；干燥器位于制冷剂罐内，而且只能与制冷剂罐一起更换。在玻璃显示器内出现褐色沉淀物时，必须额外冲洗系统，而且系统内的油品必须更换。

危险：在空调或在通风系统上工作时，由于高度的原因，必须佩戴安全带将自己固定。

（11）检查发电机带情况及其张紧情况并更换 V 形带

1）检查 V 形带：检查 V 形带整个外部情况，是否损坏或开裂，更换已损坏或开裂的 V 形带；检查 V 形带张紧情况。

2）V 形带的张紧：松开六角螺钉，将张紧螺钉按顺时针方向转动，直到皮带得到正确的张紧；将六角螺钉重新拧紧。

3）更换 V 形带：松开六角螺钉；将张紧螺钉按逆时针方向转到底；将旧带从带轮中取出，将新带装在带轮上；按前面的描述将带张紧。

注意：5 根筋的指定值：旧的 V 形带为 270~530 N（60~120 lb·ft），新的 V 形带为 670 N（150 lb·ft）。如果需要，则在运行 15 min 后把带重新张紧。

（12）检查制冷压缩机 V 形带的情况及其张紧情况，更换 V 形带。制冷压缩机 V 形带的检查、张紧、更换参照发电机带执行。用拇指压力检查带轮之间的变形，变形最多不能超过 10~15 mm，如果需要则把带重新张紧。

（13）检查鼓风机带的情况及其张紧情况，更换 V 形带。鼓风机 V 形带的检查、张紧、更换参照发电机带执行。

注意：12 根筋的指定值：旧的 V 形带为 530 ~ 1 070 N（120 ~ 240 lb·ft），新的 V 形带为 1 330 N（300 lb·ft）。

注意：（11）~（13）项只能在发动机停机时才可以在发动机 V 形带上进行工作。如果需要，在运行 15 min 后把新带重新张紧。

4. 每 1 000 h 保养

除了以下项目外，同时应进行每 250 h 保养和每 500 h 保养。

（1）检查、调整喷油阀和气阀间隙

注意：喷油阀和气门间隙必须至少每 1 500 h 或每年检查、调整一次。喷油阀调节螺钉的拧紧扭矩是 0.6 ~ 0.7 N·m（5 ~ 6 lb·in）；冷却液温度大于 60℃。

1）拆下缸盖：拆下曲轴箱通风管；拧开阀门盖固定螺钉并拆下盖子。

2）每个气缸有三个摇臂：长的摇臂（E）是排气阀的摇臂（EXHAUST），中间的摇臂是喷油阀的摇臂，短的摇臂（I）是进气阀的摇臂（INLET）。

当从发动机前端看时，曲轴的转动方向是顺时针的，点火顺序是 1 - 5 - 3 - 6 - 2 - 4。

注意：在一个指示标记处调节不同汽缸的气阀间隙和喷油阀。在 V 形带轮继续向前转向下一个指示标记前，在一个记号处调节一对阀门和一个喷油阀；调整所有阀门和喷油阀，曲轴必须转两圈；不用鼓风机来转动曲轴。

3）在辅助输出端 V 形带轮上找到阀门调节记号。

4）使用辅助输出转动曲轴。

5）可以在任何指示标记的位置开始检查和调节顺序，顺时针方向转动辅助输出，直到标记 A 与罩壳上的标记相吻合；当 A 记号被正确地设定时，在 5 号汽缸上的进排气阀门必须处于关闭位置，而且可以调节在 3 号汽缸上的喷油阀。

注意：如果这个条件没有达到，可以调整 2 号汽缸上的阀门间隙和调节 4 号汽缸上的喷油阀，当两个摇臂有间隙并可以被摇向一边时，两个阀门是关闭的。

6）调整：松开在 3 号汽缸上的喷油阀，调整螺钉的锁紧螺母；将调整螺钉向里拧，直到消除所有的间隙；将调整螺钉向另一个方向拧；松开调整螺钉，直到摇臂仍然触到喷油阀的阀芯，但喷油阀完全不负载荷，这时摇臂刚刚可以摇动；将凸轮调整工具插入顶部喷油盖，用拇指压着调整工具的手柄将喷油凸轮提起；保持喷油凸轮于顶部位置，并用扭矩扳手拧紧调整螺钉，拧紧扭矩为 0.6 ~ 0.7 N·m（5 到 6 lb·in）；保持调整螺钉的位置并拧紧锁紧螺母，拧紧扭矩为 61 N·m（45 lb·in）（不带转接扳手）或 47 N·m（35 磅寸）（带转接扳手）；在转动发动机曲轴前拿开调整工具，检查推杆能否用手转动，如果不行则调整；在把曲轴向前转向下一个指示标记前，根据检查调整阀门间隙；选择正确的塞规用于气阀间隙调整，在阀门杆和十字头部间插入适当的塞规，气阀间隙规定为，进气阀的间隙 0.36 mm（0.014 in），排气阀的间隙 0.69 mm（0.027 in）；在拧紧锁紧螺母后，用塞规再检查气阀间隙，如果需要则更正；如果气阀间隙是通过拔出法调整的，选用比指定气阀间隙厚 0.03 mm（0.01 in）的塞规，如果塞规塞入间隙，气阀间隙是不正确的；在这个气阀间隙和喷油阀调整完成后，继续向前转动辅助输出，直到指示记号 B 与壳体上的记号相吻合；根据表 5—14 检查和调整所有其他气阀间隙和喷油阀；一旦所有气阀间隙和喷油阀经过正确的调整，检查所有调整螺钉和锁紧螺母的拧紧扭矩；检查阀门盖垫圈，如果需要则更换；在摇臂仓上装上气阀盖；按照顺序拧紧螺钉，拧紧扭矩为 15 N·m（130 lb·in）。

表 5—14　　　　喷油嘴和阀门调节顺序

发动机的盘车方向	带轮位置	汽缸	
		喷油嘴	阀门
开始	A	3	5
转向	B	6	3
转向	C	2	6
转向	A	4	2
转向	B	1	4
转向	C	5	1

有两种可行的气阀间隙调整方法，最佳的是通过扭矩扳手，这样可以确保统一的调整值。

扭矩法：松开调整螺钉上的锁紧螺母，并用扭矩扳手拧紧调整螺钉，拧紧扭矩为 0.7 N·m（6 lb·in）。

拔出法：拧紧调整螺钉，直到在把塞规拔出时感到轻微的阻力，保持调整螺钉位置并拧紧锁紧螺母，拧紧扭矩为 61 N·m（45 lb·in）（不带转接扳手）或 47 N·m（35 lb·in）（带转接扳手）。

注意：绕着盖子使调整工具销子插入四个孔中的一个；只能使用所需的力量以将喷油凸轮保持在它的位置，如果用力过大，在调整工具上的销子会被拧掉；调整螺钉拧紧过度会损坏发动机。

（2）检查发动机、涡轮增压器、燃烧空气管的紧固情况。检查增压空气管和中间冷却器是否紧密及泄漏；检查排气管和进出增压器的润滑油管是否紧密及泄漏；检查连接套管的固定情况；打开倾覆保护框架的保养盖板；检查燃烧空气管是否紧密和泄漏；检查燃烧空气管和连接套管是否紧密。

（3）更换驾驶室取暖器燃油滤清器（柴油）。打开前支架上的盖板；把燃油滤清器两端的管路拔下；从支架上取出燃油滤清器；装上新的燃油滤清器并将滤清器上的箭头对向油泵，把两端的管路装上；重新盖上盖板。

（4）检查、清理用于驾驶室取暖器的油浴式空气滤清器（柴油）。

注意：在暖气工作期间每天检查、清理。在温度低至约 0℃ 时使用 SAE15W/40，在温度低至约 –10℃ 时使用 SAE10W/40，在温度低至约 –30℃ 时使用 SAE5W/30 或薄的锭子油。

松开快速锁定装置，取下油碗，检查油位；取走油品中的污物，清理油碗并在油碗中加入新油；遵循油尺标记；检查油浴式空气滤清器罩壳上的进气管是否畅通，如果需要则清理。

（5）更换在行星驱动内的油品

注意：只有在工作温度时放油才能更换所有 4 个行星驱动内的油。

驱动机器直到排油塞到达其最低的位置；清理塞子并把它们拧出来；排出所有流出的油并接住；一旦所有的油放完，清理塞子，并在更换新的密封圈后将塞子拧回原来位置并拧紧；加油直到油位到达孔下侧的边缘。

（6）更换在分齿轮内的油品（只有在工作温度下放油）

拆下后门下部盖板；清理滤清器附件的表面并拧出透气滤清器；拧开放油塞，接住流出的油；一旦所有的油放完后，清理塞子，更换新的密封圈，并将塞子拧回原来位置；注入新的油；通过玻璃指示器检查油位；清理透明滤清器并将其拧回原来位置；将盖子装回原位。

（7）更换液压油精滤滤清器

1）放油：取下锁定钢丝（如果有）；拧开连接套管；将液压油滤清器壳体连同滤芯取下；拧开放油阀上的塞子，从右手侧的存放箱取出排放软管并连接；把放油软管放入适当的容器内；打开放油阀并放出旧的油；一旦所有的油排放完后关上放油阀，卸下放油软管并把塞子拧回原位。

2）清理液压油箱：如果要从内侧清理液压油箱必须进行以下工作，拧开六角螺钉并拆下盖子，用没有毛头的布料擦拭油箱内侧，换上新的垫圈并重新盖上盖子。

3）加液压油：通过滤网加入新的液压油；在玻璃油位显示器上检查油位；拧上新

的透气滤清器；进行试车并检查系统内是否有泄漏。

4）液压油系统放气：将发动机在怠速下运行 3 min；驱动机器直到达到工作温度并把发动机停机；把压力测试管接在测试口上，并让空气从液压油冷却器中排出。

注意：如果液压油和液压油滤清器需要同时更换，在任何情况下都应先更换液压油，在进行试车后再更换液压油滤清器。每次在更换液压油后，以及在液压系统内进行主要修理后，必须要更换液压油滤芯。不要使用任何清洁剂，这样会污染液压油。加油时我们建议使用带细滤的过滤装置，可以在过滤液压油的同时，延长液压油滤清器的使用时间并保护液压系统。在约 20℃ 时，油位应该达到显示器的 1/3 处。当液压油是热的以及液位太高时，液压油会溢出并流入发动机内。如果没有油从压力测试口排出，把测试口拧下并用油壶向液压冷却器加油。

（8）检查冷却液泵

5. 每 2 000 h 保养

除了以下项目外，应同时进行每 250 h 保养、每 500 h 保养和每 1 000 h 保养。

（1）更换液压油

（2）更换冷却液

冷却系统加液：在加入冷却液前，混入防冻液混合液并缓慢加入；盖上补偿水箱，开动发动机热机并再次检查冷却液液位，如果需要则加满。

注意：如果放出的水仍然是脏的，必须继续冲洗直到水是干净的。关闭所有的排放阀和放气阀。不要将纯水用做冷却液，因为这样会由于腐蚀而损坏发动机。当使用维护冷却液滤清器为 4 个 DCA4 单位时，冷却液中必须按比例加入 1.5 L 的 DCA4 液体；当使用 23 个 DCA4 单位的滤芯（预添加元件），不要加任何 DCA4 液体；在选择冷却液滤清器时检查滤芯再确定是否加入 DCA4 液体。

（3）排放燃油油箱内的杂物。打开前机架上的盖板；拧开在前机架内的塞子；将放油软管穿过前机架上的开孔，并把软管放入机器外面的合适容器内；打开管接头，并立即把排放软管推上；用于清理目的，排放约 5 L（1.32 gal）的燃油是足够的；拔下软管并立即把管接头塞上拧紧；把所有的塞子拧回原位；重新盖上盖板。

注意：将前机架内水、燃油和污物等排放出来，需将两侧的塞子拧开，使所有的液体流出。

（4）检查摆动铰接式转动机构工作情况。检查所有螺钉是否紧固，如果需要则拧紧；检查通向转向液压缸活塞杆轴承的润滑管线的情况。

6. 每4 000 h保养

除了以下项目外，应同时进行每250 h保养、每500 h保养、每1 000 h保养和每2 000 h保养。

在每4 000 h工作后必须由专业车间进行如下保养工作：

检修Ⅴ形带从动轮上的轴承；检修鼓风机轮毂内的轴承；清理、校对燃油泵；检修、校对喷油阀；检修涡轮增压器；检修减振器。

7. 不定期保养

（1）维护燃烧空气滤清器。当在监测板上的控制灯和总警告灯持续亮起时，应当对干式空气滤清器进行保养，但是至少两年换一次。

注意：不要清理干式滤清器，应立即更换滤清器，这同样也适用于粗滤滤芯。

拧开翼形螺母，取下盖子；拧开六角螺母并把干式滤清器拉出；拧开六角螺母并取出粗滤滤芯；把芯从滤清器壳体中取出并清理；用布擦拭滤清器壳体，不要用压缩空气清理；装入新的粗滤滤芯和干式空气滤清器，不要清理；重新盖上盖子。

（2）清理冷凝器（空调单元）。脱开橡胶带，打开盖板；用压缩空气吹或用冷水冲洗冷凝器散热片；用散热片梳子校直变形的散热片；盖上盖子；始终保持驾驶室顶部排水管畅通。

危险：不要用热水冲洗，热量造成的过压会损坏系统或造成爆炸。

注意：冷凝器受污后会极大地降低空调的效率。在极度条件下（灰尘特别大），每年应清理冷凝器几次。如果在空调工作时警告蜂鸣器不断鸣叫，应将空调关闭并清理冷凝器。

（3）调整压实轮刮板和边缘割刀

刮板：检查所有在压实轮上的刮板的情况，更换损坏或磨损的刮板；检查压实轮与刮板之间的间隙，内侧刮板的间隙应该调整为0 mm，其他所有刮板的间隙调整到5 mm；调整间隙时松开螺钉，并把刮板的间隙调整到约0~5 mm；重新拧紧松开的螺钉，拧紧扭矩为628 N·m（463 lb·ft）。

边缘割刀：检查所有在压实轮上边缘割刀的情况，更换损坏或磨损的边缘割刀；检查压实轮与边缘割刀之间的间隙；在边缘割刀与压实轮轮毂壳体间隙部位处，两者必须保持金属与金属的接触；调整边缘割刀时，松开螺钉并对割刀进行相应调整，再重新拧紧松开的螺钉。

注意：由于制造原因不可能制造出绝对圆的压实轮轮毂壳，边缘割刀与压实轮轮毂间最大间隙处可以达到几毫米；把垃圾、钢丝、绳索、电线等残留物取走以避免钢轮壳边缘过早磨损。

（4）更换压实齿齿帽

备件：齿帽、销子（每台机器的数量为 220 个）；工具：锤子（220 V 电锤）、拆卸杆、安装杆。将拆卸杆装在锤子上，并将销子击出，确保拆卸杆正确地装在销子上；用钢刷彻底清理齿座；把新的齿帽放在齿座上。将新的销子的开口处蘸上润滑油脂；将销子滑入安装杆上，并把销子插入齿帽的孔里；将驱动杆装在锤子上，并用锤子击打销子，直至销子端部不露出齿帽表面。

注意：更换工作只能由专业的人员进行。将销子开口靠着安装杆，只有当齿帽前部表面破裂时才更换；在更换齿帽时只能使用新的销子，因为旧的销子会损坏齿帽和齿座。如果销子的预紧力非常大，应当使用 5 kg 的锤子。在轮子内片侧的齿帽只能在支架边缘下侧安装，将销子由外向内击出。安装齿帽时，将机器相应地移动。

危险：当销子被击入后，安装杆将会高速飞出，应用一团布等把安装杆接住。

（5）检查垃圾推板底部衬板及更换

危险：不要在被提升或未经支撑的推板上工作，避免发生意外的危险。

检查在垃圾推板上的衬板的情况，如果衬板已磨损到推板边缘，则将衬板转向或更换；提起推板并安全地支撑住；更换衬板时拧开六角螺母，取下垫片；敲出六角螺钉，取下旧的衬板；在安装新的衬板前检查推板上的接触表面，如果需要则翻新；放上新的衬板，插入嵌入式螺钉并留意定位槽口，放入垫片并固定。

（6）紧固所有螺栓连接件

扳紧扭矩见表 5—15。

表 5—15 扳紧扭矩

螺栓尺寸	扳紧扭矩（lb · ft）		
	8. 8	10. 9	12. 9
M4	2	3	4
M5	4	7	7
M6	7	11	13
M8	18	26	33
M10	37	55	61
M12	65	91	108
M14	101	145	173

续表

螺栓尺寸	扳紧扭矩（lb·ft）		
	8.8	10.9	12.9
M16	156	221	264
M18	213	303	361
M20	304	426	513
M22	413	559	695
M24	524	738	885
M27	774	1 092	1 308
M30	1 047	1 482	1 770

（7）检查、更换起动辅助液罐（乙醚）

危险：该操作有起火危险，并会危及健康。起动液体（乙醚）是易燃和有毒的，维护或故障排除工作应当只能在通风良好的室内或一个开放的环境，远离取暖器、明火或火花，保护眼睛和皮肤，防止与起动液体接触。不要燃烧或损坏用完的或显然是空的起动辅助罐，用保护环境的方法处置。

打开后机架右手侧横向的盒子；拧开架子上的两个翼形螺母；把起动液罐从阀体上拧开；轻轻地摇晃起动液罐，检查罐内的液位，如果需要用，用手拧上新罐。

（8）检查挡风玻璃清洗系统供应箱。检查两个容器内的液位，如果需要则加满；冬季工作时加入所要求数量的防冻液。

（9）封存。如果发动机将要长时间停机（如冬季储藏），我们建议采用以下方法来保护发动机避免被腐蚀。

使用冷的清洗液和水枪，或采用更佳的蒸汽清洗设备清洗发动机；起动发动机，待发动机暖机后停机；排放仍然热的机油，加入防腐蚀发动机机油；将油箱内的液体放出，在混合10%的防腐蚀油以后，再将混合的燃油注入油箱内，以在油箱内加入带有防腐蚀性质的喷油泵测试油来替代；将发动机运行10 min，直到所有管路、滤清器、泵和油嘴充满混合保护油，且新的发动机油分布在所有部件；在运行发动机后，将气缸罩盖和喷油泵横向侧板卸下，喷洒柴油和10%防腐蚀油的混合液体，重新盖上罩盖和侧板；用手扳动发动机几次（不用起动发动机），以喷洒所有的燃烧室；将V形带取下，在带轮凹槽内喷上防腐蚀油，在重新使用前把防腐蚀油擦掉；将空气滤清器进气口和排气口关上。

注意：根据天气情况，以上封存措施可提供 6～12 个月的保护周期，在使发动机重新工作前必须放掉封存混合液，并使用根据 API 分类的发动机油。若要长时期保持，所有表面必须被保护起来，活塞杆必须用油脂保护。

警告：在燃油系统上工作时不能使用明火，不能吸烟，以免起火。不要在密闭的房间内加油；不要吸入燃油油雾，脏的燃油会造成发动机故障甚至损坏。将更换的废油收集起来，不要渗入地面，并用保护环境的方法处理。不要把阀门拧得太紧以免损坏螺纹。把排放阀拧紧并检查是否泄漏，如果需要则更换密封圈。如果在半年内没有达到工作小时，不论工作小时为多少，必须更换发动机机油。只有在发动机停机后、未冷却前才能放机油。

本章测试题

一、判断题（下列判断正确的请打"√"，错误的打"×"）

1. 作业前无须对推土机进行任何检查工作，可直接起动作业。（   ）
2. 作业结束后，推土机随地熄火停放即可。（   ）
3. 作业结束后，清理推土机履带夹杂垃圾，润滑车辆，冲洗驾驶室内外，做到驾驶室内干净、整洁，保持车身表面清洁，养成工作结束后擦车的习惯。（   ）
4. 推土机的例行保养工作包含油底壳油位的检查和添加。（   ）
5. 推土机的例行保养工作不包含制动系统的检查。（   ）
6. 推土机在最初 250 h 保养时，不需要进行燃油滤清器的保养。（   ）
7. 推土机在每 250 h 保养时，应对张紧轮及张紧轮托架加注黄油。（   ）
8. 机油滤清器保养完成后，应该让发动机怠速运转一会，再检测油位。（   ）
9. 工作油箱卸盖时，应快速准确地转动盖并打开。（   ）
10. 当风扇 V 形带有裂纹和脱皮现象时，无更换 V 形带。（   ）
11. 清理水箱散热片时，可用嘴吹掉水箱散热片上的泥土、灰尘或落叶等杂物。（   ）
12. 黏附在涡轮增压器压泵轮上的过多油泥可能会影响涡轮增压器的正常性能，有时会使涡轮增压器损坏。（   ）
13. 对涡轮增压器进行清理时，可以使用钢丝刷。（   ）

14. 拆卸防腐蚀器滤筒时，只需用滤清器扳手，顺时针方向旋转即可拆下。

（　　）

15. 进行每 4 000 h 的保养时，应同时进行 250 h、500 h、1 000 h 和 2 000 h 保养。

（　　）

16. 空气滤清器内滤芯清理后可以重新使用。 （　　）

17. 将一根直杆放在托链轮和引导轮上方，当杆和履齿之间在中心处的距离是 20～30 mm 时，这一履带的张紧度是标准的。 （　　）

18. 挖掘机起动前应该排放燃油箱内的水和沉积物。 （　　）

19. 挖掘机起动前应该检查油水分离器内的水和沉积物，并排水。 （　　）

20. 挖掘机如果在作业中不使用喇叭，则起动前不需要检查喇叭的功能。 （　　）

21. 作业结束后，清理挖掘机履带夹杂垃圾，润滑车辆，冲洗驾驶室内外，做到驾驶室内干净、整洁，保持车身表面清洁，养成工作结束后擦车的习惯。 （　　）

22. 挖掘机操作工需在每日作业结束后做好设备的交底记录。 （　　）

23. 挖掘机的例行保养工作应包括冷却水的检查和添加。 （　　）

24. 挖掘机在最初 250 h 保养时，应检查并调整发动机气门间隙。 （　　）

25. 当蓄电池电解液的液位低于低位线，还可以继续使用蓄电池 0.5 h。 （　　）

26. 如果空调压缩机带已拉长，没有调整的余量，或如果带上有切口或裂缝，要更换新带。 （　　）

27. 向油底壳内加注机油，或更换机油滤芯并检查油位后，应该在短时间怠速运转发动机，然后关闭发动机并重新再次检查油位，使其处在油尺上的 L 与 H 标记之间。

（　　）

28. 清洗和检查散热器片时，除压缩空气外，还可使用蒸汽或水来除去散热器片上的灰尘、脏物、干叶等。 （　　）

29. 如果发现软管有裂纹或由于老化已经变硬，要更换新软管。 （　　）

30. 可以在发动机运转时进行空气滤清器的检查、清洁或更换。 （　　）

31. 更换外部滤芯时，如果内部滤芯无损坏，则可以继续使用旧的内部滤芯。

（　　）

32. 装载机操作工需在每日作业结束后做好设备的交底记录。 （　　）

33. 装载机的例行保养工作应包括检查各操纵杆是否灵活、可靠。 （　　）

34. 装载机的例行保养工作应包括检查发动机冷却水是否加足。 （　　）

35. 如果在白天进行作业，装载机的例行保养工作不需要进行各项灯光的检查。

（　　）

36. 装载机的最初 250 h 保养应对铲斗下铰接销铰接处进行润滑保养。（　　）

37. 在斜度大于 8°、斜坡长约 20 m 的干燥水泥路面进行制动器试验时，松开行车制动踏板（发动机不熄火），如果此时机器在 5 min 内不下移，则停车制动器正常。

（　　）

38. 每 500 h 应对发动机曲轴箱换气阀进行清理保养。（　　）

39. 保养时应对传动轴万向节进行润滑。（　　）

40. 检查前后桥、主传动器齿轮啮合情况时，若主、从动锥齿轮的齿轮间隙过大，则应调整到 0.35 ~ 0.5 mm。（　　）

41. 保养时应对工作装置和机架进行检查，检查有无变形、焊缝断裂现象。

（　　）

42. 自由行程调整是通过改变离合器拉杆的长度来实现的，放长离合器拉杆，踏板自由行程便减少，缩短离合器拉杆，自由行程增大。（　　）

43. 制冷压缩机 V 形带轮之间的带变形，变形最多不能超过 10 ~ 15 mm，否则需要把带重新张紧。（　　）

44. 可使用专用液压油箱清洁剂来清洁液压油箱。（　　）

45. 当在监测板上的控制灯和总警告灯持续亮起时，应当对干式空气滤清器进行保养。（　　）

46. 只有当压实齿齿帽前部表面破裂时才需要进行更换。（　　）

47. 检查、更换起动辅助液罐需在一个密闭的环境下进行。（　　）

二、单项选择题（下列每题的选项中，只有 1 个是正确的，请将其代号填在括号中）

1. 推土机起动前的检查工作中不包括（　　）的检查。

A. 漏水　　　　　B. 漏油　　　　　C. 漏电　　　　　D. 漏气

2. 推土机停机后应停放在（　　）。

A. 斜坡上　　　　B. 平地上　　　　C. 低洼处　　　　D. 地槽（沟）边缘

3. 推土机例行保养工作时，应检查燃油箱，并打开排污阀以放掉燃油箱内的（　　）。

A. 燃油　　　　　B. 水和污物　　　　C. 液压油　　　　D. 空气

4. 推土机在最初 250 h 保养时，应进行的保养包括（　　）。

A. 燃油滤清器　　　B. 整机油漆　　　C. 电器线路更换　D. 支重轮更换

5. 推土机在每 250 h 保养时，发电机驱动带的检测以约 60N 力可按下（　　）mm 为标准。

A. 10　　　　　　B. 20　　　　　　C. 30　　　　　　D. 40

6. 安装推土机燃油滤清器滤筒时，用手拧紧直到密封垫接触到滤清器座为止，然后再拧紧到（　　）圈。

A. 1/4～1/2　　　B. 1/2～3/4　　　C. 3/4～1　　　　D. 4/3～3/2

7. 推土机转向离合器箱使用的润滑油类型取决于（　　）。

A. 环境湿度　　　B. 推机马力　　　C. 环境温度　　　D. 推机功率

8. 推土机终传动箱规定的机油量为每侧（　　）L。

A. 31　　　　　　B. 41　　　　　　C. 51　　　　　　D. 61

9. 检查推土机工作油箱油位时，应将铲刀水平放置在地面上，停止发动机，待（　　）min 后检查油位。

A. 1　　　　　　B. 3　　　　　　C. 5　　　　　　D. 7

10. 推土机空气滤清器外滤芯清理（　　）次后应加以更换。

A. 2　　　　　　B. 4　　　　　　C. 5　　　　　　D. 6

11. 挖掘机起动前的检查工作中不包括（　　）的检查。

A. 漏水　　　　　B. 漏油　　　　　C. 漏电　　　　　D. 漏气

12. 挖掘机停机后应停放在（　　）。

A. 斜坡上　　　　B. 平地上　　　　C. 低洼处　　　　D. 地槽（沟）边缘

13. 挖掘机例行保养工作时，应检查燃油箱，并打开排污阀以放掉燃油箱内的（　　）。

A. 燃油　　　　　B. 水和污物　　　C. 液压油　　　　D. 空气

14. 推土机在最初 250 h 保养时，应进行（　　）的保养。

A. 更换燃油滤芯　B. 空气滤清器　　C. 电器　　　　　D. 液压油箱

15. 挖掘机终传动箱的油位，应该处在螺塞孔底部至低于螺塞孔底部（　　）mm 的范围内。

A. 10　　　　　　B. 20　　　　　　C. 30　　　　　　D. 40

16. 挖掘机蓄电池正常工作状态下，表面的电眼指示器指示（　　）色。

A. 白　　　　　　B. 红　　　　　　C. 绿　　　　　　D. 蓝

17. 用大约 58.8 N 的手指力在挖掘机驱动带轮与空调压缩机带轮之间的中部按下

带，并检查挠度应为（　　　）mm。

A. 1～3　　　　　B. 3～5　　　　　C. 5～8　　　　　D. 8～11

18. 当调整挖掘机新带时，在操作（　　　）h后，要重新调整带。

A. 1　　　　　B. 2　　　　　C. 3　　　　　D. 5

19. 将尺子插入润滑脂，检查挖掘机小齿轮经过部位的润滑脂高度应为至少（　　　）mm。

A. 8　　　　　B. 10　　　　　C. 12　　　　　D. 14

20. 在寒冷的区域，挖掘机洗窗器清洗液中，纯清洗液与水的混合比率为（　　　）。

A. 1:1　　　　　B. 1:2　　　　　C. 1:3　　　　　D. 1:4

21. 装载机起动前的检查不包含（　　　）。

A. 漏水的检查　　　　　　　　B. 漏气的检查

C. 调节发动机气门间隙　　　　D. 制动踏板行程的检查

22. 装载机停机后应停放在（　　　）。

A. 斜坡上　　　　　B. 平地上　　　　　C. 低洼处　　　　　D. 地槽（沟）边缘

23. 不包含在装载机例行保养工作内的项目是（　　　）。

A. 检查四漏　　　　　　　　　B. 检修驱动桥

C. 检查制动踏板行程　　　　　D. 检查螺栓紧固

24. 装载机左右转向液压缸轴承的润滑点共有（　　　）处。

A. 1　　　　　B. 2　　　　　C. 3　　　　　D. 4

25. 检查装载机制动系统时，应在（　　　）试验制动器。

A. 干燥路面上　　　　　　　　B. 积水路面上

C. 钢板道路上　　　　　　　　D. 垃圾填埋作业现场

26. 装载机交流电动机带检查时，在110 N力作用下，带应下垂（　　　）mm。

A. 1～6　　　　　B. 6～10　　　　　C. 10～14　　　　　D. 14～20

27. 装载机冷却液面应保持在加液管底下（　　　）cm范围内。

A. 0.5　　　　　B. 1　　　　　C. 1.5　　　　　D. 2

28. 为保证装载机离合器在传递动力时不打滑，离合器踏板上应有（　　　）mm的自由行程距离。

A. 15～20　　　　　B. 20～25　　　　　C. 25～30　　　　　D. 30～35

29. 压实机起动前的检查不包含（　　　）。

A. 漏电的检查 B. 漏油的检查

C. 调节发动机气门间隙 D. 制动踏板行程的检查

30. 压实机停机后应停放在（ ）。

A. 斜坡上 B. 平地上 C. 低洼处 D. 地槽（沟）边缘

31. 压实机发动机机油油位 MAX 和 MIN 记号间的加油量约为（ ）L。

A. 1 B. 2 C. 3 D. 4

32. 压实机在最初 250 h 保养时，应进行的保养包括（ ）。

A. 终传动箱润滑 B. 整机油漆 C. 电器线路更换 D. 驾驶室更换

33. 压实机浓度为 40% ~60% 的防冻液，其 DCA4 含量额定值，每升应为（ ）个单位。

A. 0.1 ~0.2 B. 0.2 ~0.3 C. 0.4 ~0.5 D. 0.6 ~0.7

34. 检查压实机刮板和压实轮之间的间隔，间隔必须在约（ ）mm。

A. 5 B. 10 C. 15 D. 20

35. 检查压实机蓄电池硫酸液位时，用一根干净的木棍测量硫酸液位，它应位于铅板上部边缘约（ ）mm 处。

A. 5 ~10 B. 10 ~15 C. 15 ~20 D. 20 ~25

36. 压实机垃圾推板的下部轴承组有（ ）处润滑点。

A. 1 B. 2 C. 3 D. 4

37. 每个月需要开启空调（ ）次并运行片刻，以保证空调系统的有效性。

A. 1 B. 2 C. 3 D. 4

38. 压实机连接螺栓拧紧扭矩为（ ）N·m。

A. 328 B. 428 C. 528 D. 628

本章测试题答案

一、判断题

1. × 2. × 3. √ 4. √ 5. × 6. × 7. √ 8. ×
9. √ 10. × 11. × 12. √ 13. × 14. × 15. √ 16. ×
17. √ 18. √ 19. √ 20. × 21. √ 22. √ 23. √ 24. √
25. × 26. √ 27. √ 28. √ 29. √ 30. × 31. √ 32. √
33. √ 34. √ 35. × 36. √ 37. √ 38. √ 39. √ 40. ×

41. √   42. √   43. ×   44. √   45. √   46. √   47. ×

二、单项选择题

1. D   2. B   3. B   4. A   5. A   6. B   7. C   8. C

9. C   10. D   11. D   12. B   13. B   14. A   15. A   16. D

17. C   18. A   19. D   20. A   21. C   22. B   23. B   24. D

25. A   26. D   27. B   28. C   29. C   30. B   31. B   32. A

33. C   34. A   35. B   36. B   37. A   38. D

第 6 章

职业道德与职业健康安全

6.1 职业道德

学习目标

了解职业道德的基本含义、特征和作用

熟悉环卫工作中的劳动纪律和行为规范

熟悉工作中文明作业的要求

职业道德是规范约束从业人员职业活动的行为准则。加强职业道德建设是推动社会主义物质文明和精神文明建设的需要，是促进行业、企业生存和发展的需要，也是提高从业人员素质的需求。掌握职业道德基本知识，树立职业道德观念，是对每一个从业人员最基本的要求。

职业道德是社会道德在职业行为和职业关系中的具体体现，是整个社会道德生活的重要组成部分。职业道德是指从事某种职业的人员在工作或劳动过程中所应遵守的与其职业活动紧密联系的道德规范和原则的总和。职业道德的内容包括：职业道德意识、职业道德行为规范和职业守则等。

职业道德既反映某种职业的特殊性，也反映各个行业职业的共同性；既是从业人员履行本职工作时从思想到行动应该遵守的准则，也是各个行业职业在道德方面对社会应尽的责任和义务。从业人员对自己所从事职业的态度，是其价值观、道德观的具体体现，只有树立良好的职业道德，遵守职业守则，安心本职工作，勤奋钻研业务，

才能提高自身的职业能力和素质，在竞争中立于不败之地。

6.1.1　劳动纪律

劳动纪律又称为职业纪律或职业规则，是指劳动者在劳动过程中所应遵守的劳动规则和劳动秩序。从劳动者的角度而言，遵守劳动纪律有利于保护其生命安全和身体健康；从用人单位的角度而言，制订劳动纪律有利于保证生产和经营的安全有效。

1．服从制度安排

（1）劳动法法律保障

1）劳动法的有关规定将劳动纪律作为企业经营管理权的一项内容予以强化，并将劳动纪律的效力与劳动合同挂钩。

2）将制定规章制度作为企业的一项自主权。

3）在劳动关系存续期间，劳动纪律的效力得到强化。

4）从防止用人单位滥用惩处权的角度，劳动行政部门、工会、劳动者本人对劳动纪律的运用进行必要的制约。

（2）主要要求

1）员工必须服从组织安排和调配，听从公司部门或班级领导的指挥。

2）员工必须自觉遵守公司的作息制度按时上下班，有事、有病不能上班的，必须以请假条或有二级以上医院开的病假单形式亲自向主管部门领导请假，批准后方可离开。

（3）奖励制度

1）包括奖励条件、奖励的种类、奖励的办法三部分。

2）奖励的办法：授予劳动模范称号的，属于哪一级的称号，由哪一级的人民政府批准授予。

3）全国劳动模范或劳动英雄称号，应经省级人民政府和国务院各部、委推荐，由国务院授予。

（4）惩罚制度

1）包括处罚条件、处罚的种类两部分。

2）处罚的种类包括行政处分、经济处罚和刑事制裁。

3）经济处罚是指企业行政部门对违反劳动纪律的职工给予经济方面的制裁。

4）经济罚款的种类有罚款、停发工资、降低工资级别和赔偿经济损失四种形式。

5）罚款，是处理违纪行为的一般性的经济处罚，只能是一次性的，而且处罚的金额不得超过被处罚职工标准工资的 20%。

6）停发工资，是在一定期间内，停止发给劳动者工资，改为发放基本的生活费用。

7）降低工资级别，降级的幅度一般为一级，最多也不能超过两级。

8）赔偿经济损失，因劳动者造成的劳动损失应由劳动者来承担。若劳动者无力赔偿，用人单位可由工资中扣减，一次不得超过劳动者工资的 20%。

2. 员工四"不"

（1）员工上班时必须集中精力，忠于职守，发挥积极性和创造性；不准脱岗、串岗、睡岗；不准在工作中闲聊或上网聊天；不准消极怠工；不准干私活。

（2）员工上班期间一律不准穿拖鞋、背心、短裤，违者处一次性罚款，并责令其立即更正；进入生产作业区工作时，员工必须穿戴与本岗位相关的劳防服装、安全鞋帽、特殊岗位劳防防护用品。

（3）员工上班期间不得携带未成年人或与工作无关的其他人员进入工作场所。

（4）员工在业务技术学习、开会及其他集体活动时不得无故缺席，不得交头接耳，不得喧哗，不看与活动内容无关的书报，手机要进入振动挡。

（5）员工参加考试、考核或者竞赛，不得作弊。

（6）在紧急状况下，员工不得以任何借口拒绝抢救公司财产和他人生命。

（7）员工严禁打架斗殴，凡违犯者，责任各方一律取消当天（班）考勤，并按情节轻重处罚款，如有受伤者，由肇事人负担一切费用，并报请公安机关备案，可视情况决定是否予以除名。

（8）对各工序的运行设备，操作工、保全工要定期进行维护保养，如因缺少润滑油或齿轮油而出现故障的，视情节轻重处以 50 元以上罚款，严重者按设备事故处理制度处罚。

（9）各工序操作人员对本工序记录必须按要求填写清楚、记录真实，不许在记录表上乱写乱画，必须一对一交班，若发现提前离岗、脱岗的处以一次罚款，若因交接不详而出现严重后果的，予以开除。

（10）员工要爱护公司财物，凡无故损坏公司财物的，要照价赔偿，并根据情节处以 50~100 元罚款；对故意损坏公司设备、设施的，应包赔全部损失并予以处罚，情节严重者，予以开除。

6.1.2　文明作业

职业道德的第一项内容就是文明规范的操作，可见文明规范作业是职业道德中最基本也是最重要的一点。环卫行业涉及千家万户，作为政府窗口单位，我们必须率先垂范，文明作业，注重规范操作。

1. 员工和环境

（1）操作人员应具有的职业道德

遵循文明作业的职业道德规范必须做到：

1）仪表端庄、语言规范、举止得体、待人热情。

2）热爱本职工作，规范操作。

3）员工必须正确认识本职工作，明确自己工作的目的和意义，乐于为市民服务，忠实履行自己的职责，遵守单位的规章制度。

（2）员工之间的团体意识

1）员工必须以集体主义为根本原则，正确处理个人利益、他人利益、班组利益、部门利益和公司利益的相互关系。

2）员工之间应互相帮助，团结协作。

3）爱护公共财产，不损坏公司或他人财物。

2. 三清和器具摆放

（1）员工必须严格执行操作工艺规定和质量管理规定，实施环境保护技术措施，按规定做好推铺、碾压、修坡（或整平）、覆盖、灭蝇、除臭、雨污水收集和处理纳管等工作。

（2）禁止垃圾乱倒乱卸，严格控制垃圾和污水撒落，避免污染道路、河道或周边区域等。

（3）填埋场场地、道路、河道或周边区域保洁，必须达到质量标准。

（4）公司各部门、班组和员工当班工作结束后，必须做到三清，一是场地清，二是工具清，三是设备清。

（5）严重污损的机械设备，不得投入生产运行中，必须及时做好保养维护。

（6）按定制化规定，机械设备、路基板、辅助设施设备、维修工具、零配件等，必须按指定位置停存放整齐，未经许可的地方不准停存放占用。

（7）员工必须按规定领取、妥善保管和爱惜使用材料、燃油、润滑油、零配件和维修工具，不得遗失、损坏或浪费。

（8）员工上班时不准赤膊、赤脚、穿拖鞋、穿短裤。

（9）自觉遵守公共秩序，参加公务活动或就餐等时，做到不拥挤、不插挡、不哄闹，维护场容整洁和环境卫生。

6.1.3 行为规范

1. 员工个人行为规范

(1) 热爱祖国、热爱中国共产党，遵守国家宪法和法规；应具有强烈的责任感和主人翁精神，自觉维护社会公德。

(2) 应自觉遵守公司有关规定，杜绝不良行为发生；仪表端正，讲文明，礼貌待人，乐意助人，扶植正气，抵制歪风。

(3) 应遵守上班下班时间，因故迟到和请假的时候，必须事先通知。

(4) 遵守和维护社会公德、职业道德，热爱本企业和本岗位，善待和团结同事，平等互助，遵章守纪。

(5) 应忠于职守，履行义务，完成本职工作，为本公司和员工整体利益竭诚效力。

(6) 应遵守作业规范，严格按照垃圾填埋工艺和作业指导书，规范操作；牢记岗位达标歌，如图6—1所示。

岗位达标歌

推土机工

操作规程严遵守，填埋工艺要达标；
机械例保每天做，发现故障及时报；
现场作业要规范，违章作业杜绝掉；
生产设备讲安全，上下坡度不得超；
严禁现场烧垃圾，安全第一很重要；
法规法令常学习，班组建设抓得好。

挖掘机工

操作规程遵守严，铺设工艺要达标；
车辆运转按规定，指定位置停放好；
例行保养须记录，车况良好很重要；
单元平整无积水，开沟排水要确保；
道路平台要铺平，钢板路基构筑牢；
法规法令常学习，文明班组创达标。

装载机工

道路铺设讲工艺，上下前后衔接好；
器材零件妥善管，堆放整洁不超高；
工完料清路面平，维修保洁配合搞；
作业单元勤巡查，安全行车要确保。

设备安全管理员

设备护养按计划，维修档案不可少；
规范操作常检查，设备运行状态好；
应急救援须配合，设备安全要确保；
日常检查有记录，安全条线职责到。

图6—1 各工种岗位达标歌

2. 国家法律法规要求

(1) 不准偷窃国家、集体和他人财物；不准贪污舞弊，行贿受贿；不准寻衅闹事、

吵架斗殴，不准参与赌博及其他违法活动。

（2）员工必须同违法犯罪行为做斗争，对治安案件提供真实情况，积极协助保卫、司法部门工作，不得知情不报或谎报，不得包庇容留。

（3）员工必须保守本公司商业秘密和技术秘密，维护公司形象、声誉和利益。

6.2 职业健康安全

学习目标

了解职业健康安全的重要性和卫生作业的要求

掌握各种安全标识

了解各种操作对健康安全的要求

职业健康安全是指防止劳动者在工作岗位上发生职业性伤害和健康危害，保护劳动者在工作中的安全与健康。职业安全包括工作过程中防止化学性、物理性、生物性等（通常包括机械伤害、触电伤亡、急性中毒、车辆伤害、坠落、坍塌、爆炸、火灾、高温、粉尘、噪声、振动、高低温、潮湿、高低压、电离与非电离辐射、有害气体等）危及人身安全的事故发生。

6.2.1 安全标识

1. 安全通用标识

安全通用标志是指《安全标志及其使用导则》（GB 2894—2008）中规定的安全标志，包括道路交通、消防安全、工作场所职业病危害警示、环境保护图形、危险货物包装标志等。

（1）安全标识的相关要求

1）安全标识需求单位根据实际需要，提出安全标识订购计划，经批准后进行采购。

2）在易燃、易爆、有毒、有害等危险场所的醒目位置，设置符合 GB 2894 规定的安全标识。

3）在重大危险源现场设置明显的安全警示标识。

4）按有关规定，在厂内道路设置限速、限高、禁行等交通安全标识。

5）在检维修、施工、吊装等作业现场设置警戒区域和安全标志。

6）在可能产生严重职业危害作业岗位的醒目位置，按照《工作场所职业病危害警示标识》（GBZ 158—2003）设置职业危害警示标识，同时设置告知牌，告知产生职业危害的种类、后果、预防及应急救治措施、作业场所职业危害因素检测结果等。

（2）安全标识设置要求

1）设置位置应醒目，便于观察辨识，并位于其所指示的目标物附近。

2）设置的高度，应尽量与人眼的视线高度相一致。

3）安全标识牌应设置在明亮的环境中。

4）安全标识牌前不得放置妨碍认读的障碍物。

5）多个标志牌在一起设置时，应根据警告、禁止、指令、提示类型的顺序，按先左后右、先上后下的顺序排列。

6）安全标识牌的固定方式分附着式、悬挂式和柱式三种，悬挂式和附着式的固定应稳固不倾斜，柱式的标志牌和支架应牢固地连接在一起。

（3）安全标识维护和管理要求

1）设置在生产装置、道路及生产现场的各种安全标识牌，必须稳固，不得随意移动、变换、涂抹、乱画和撤销。

2）因施工、检修、清理等作业的需要而需拆除和涂抹的安全标识牌，在作业结束后，必须由施工、检修单位恢复。

3）因特殊作业、占用道路、危化品泄漏等设置的临时安全标识牌，施工等作业结束必须撤走。

4）安全标识未经所属单位安全管理人员许可，任何人不得随意移动或拆除。

5）部门应定期对本单位属地所设置的安全标识牌进行日常检查、维护，保持标志的清晰、整洁和完好，对损坏的安全标识牌及时进行整修或更换。

2．**填埋场常用道路安全标识**（见表6—1）

表6—1   填埋场道路标识

种类	图样				
填埋场道路常用标识					
	直行	向左转弯	向右转弯	靠右侧道路行驶	人行横道

种类	图样
填埋场道路常用标识	直行和向左转弯　直行和向右转弯　向左和向右转弯　靠左侧道路行驶　最低限速 环岛行驶　鸣喇叭　分向行驶车道　会车先行
填埋场常用道路交通标志（警告标志）	十字交叉　T形交叉　T形交叉　渡口　慢行 T形交叉　Y形交叉　环形交叉　驼峰桥　施工 两侧变窄　右侧变窄　左侧变窄　窄桥　双向交通 注意危险　事故易发路段　注意信号灯　过水路面　路面不平 连续弯路　上陡坡　下陡坡　注意障碍左侧绕行 向左急转弯　向右急转弯　反向弯路　注意障碍左右绕行

续表

种类	图样
填埋场常用道路交通标志（警告标志）	注意行人　注意非机动车　易滑　注意障碍右侧绕行 堤坝路（a）　堤坝路（b）　注意落石（a）　注意落石（b）
填埋场常用道路交通标志（禁令标志）	禁止通行　禁止驶入　禁止机动车通行　禁止载货汽车通行　禁止大型客车通行 禁止行人通行　禁止右转弯　禁止左转弯　禁止直行　禁止向右向左转弯 禁止直行和向左转弯　禁止直行和向右转弯　禁止掉头　禁止超车　解除禁止超车 停车检查　停车让行　会车让行　减速让车　禁止车辆临时或长时停放

3. 填埋场常用人员及作业机械标识（见表6—2）

表6—2　　　　　　　　　　　填埋场常用人员及作业机械标识

类型	说　明
员工标识	凡是本公司员工皆需穿着公司工作服，道路和卸料平台清扫保洁人员还需穿着橘红色道路作业识别服和袖套，并佩戴员工卡
提示牌	物资储存室、危险品储存室、油罐车停放点、停车场应设有"禁火、有毒危险"标识的提示牌

P：图形标记	A：名称字样
1. "禁火""禁烟"警示标记	物资储存室
2. "禁火""禁烟""有毒"警示标记	危险品储存室
3. "禁火"警示标记	油罐车停放点
4. "禁火"警示标记	停车场

注："禁火"标记红色；"有毒"标记黑色；塑料板字体为黑色，底板为白色

设备标识	漆色标识	填埋作业工程机械或车辆车体漆色为橘黄色
	设备编号	采用3个汉语拼音字母加两位数顺序号组成的一组编号表示该设备的编号
	设备名称第一个字的汉语拼音	前两个汉语拼音字母编号的首个字母，表示是什么设备；两个阿拉伯数字组成的两位顺序号，表示该种设备的序号
	设备状态标识	设备状态文字：正在检修／等待检修／停放存

物品存放使用安全标识

注意安全　当心火灾　当心爆炸　当心腐蚀　当心中毒　当心扎脚
当心烫伤　当心绊倒　当心感染　当心触电　当心电源　当心吊物
当心滑跌　当心滑跌　当心易燃　当心氧化物　当心气体中毒　当心夹手

续表

类 型		说　　明
消防安全标识	填埋场常用消防安全标识	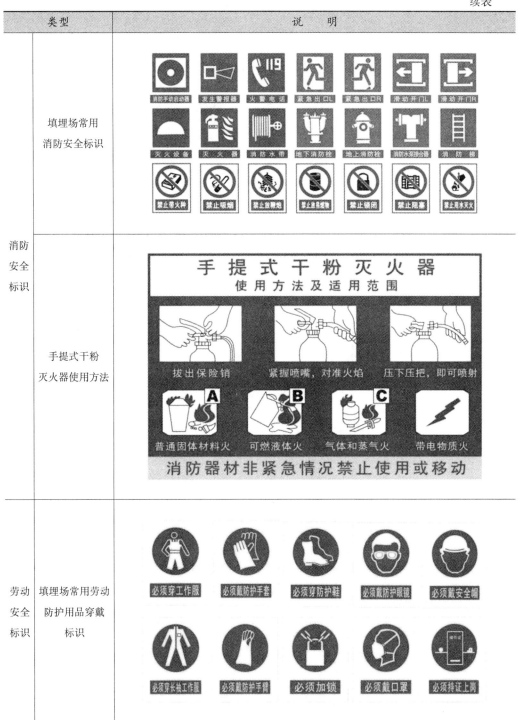
	手提式干粉灭火器使用方法	
劳动安全标识	填埋场常用劳动防护用品穿戴标识	

类型		说　明
劳动安全标识	常用安全警示标识	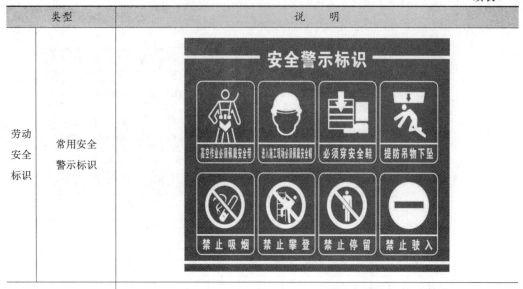
	危险物品标识	   

续表

类型	说　明
垃圾存放标识	
人员及作业机械标识 填埋场常用的表示机器和产生危险的主要零部件图	
表示产生危险的单个零部件图	

6.2.2 安全管理

1. 安全生产

（1）填埋区作业人员应配备必需的劳保用品，严格按照各岗位操作规程及填埋工艺要求作业。

（2）定期检查沼气产生量，若产气量达到可利用的条件时，要及时利用，防止沼气自燃和爆炸事故的发生。

（3）填埋区必须配备一定数量的消防器材，一旦发生火灾，应及时组织人员扑救。

（4）定期进行消防安全培训，组织消防演习。

（5）严禁在填埋区使用明火，严禁吸烟。确因工程需要使用明火，必须向场部提前申请，经有关技术人员检测，确认具备使用明火的条件时方能使用。

（6）加强填埋区进场道路的维护，确保道路平整，使垃圾车畅通无阻。

（7）进场道路车辆故障而阻止其他车辆进出时，应在故障发生后 30 min 内将故障车拖离现场，以免影响其他垃圾车作业而发生安全事故。

（8）填埋区推土机在同一地方作业，前后距离应大于 8 m，左右相距大于 1.5 m。

（9）外来人员未经许可严禁进入填埋区。确因公事需进填埋区，必须报场领导批准后，由专人陪同，并配备一定的防护品，才能进入。

（10）若遇台风暴风雨天气时，各部门要认真落实好各项防范措施，应急抢险队迅速到位，防风、防汛小组当值、当班管理人员要认真负起责任，做好现场督导工作，若遇紧急情况，要迅速组织抢险，并及时向上级有关部门报告。

2. 安全预防

（1）在劳动调配时，应当通知相关部门，做好新工作的安全教育。

（2）在招聘新工人工作时，必须充分考虑其年龄、性别、健康状况和技术水平与工作岗位之间的关系。

（3）在改进劳动组织、修订劳动定额时，应当考虑安全要求。

（4）在制定技术培训计划时，应当包括安全内容。

（5）参加重大事故的分析，对事故责任者进行处理，并组织有关人员对伤亡者的善后进行处理。

（6）按规定配备安全人员，必须保持安全人员的稳定性。

（7）按规定发放个人防护用品、清凉饮料、防暑降温和防寒保暖用品。

（8）有计划地改善和增添必需的生活福利设施。

（9）经常分析全场安全情况，提出进一步做好安全工作的意见，组织和推动有关职能科室、部门制订和修订安全生产制度和安全操作规程。对于违章作业人员进行批评教育，经常进行现场检查，定期组织安全生产大检查和专业检查，协助解决安全生产上的问题，监督安全措施的落实。

（10）协同处办公室和其他有关部门对车辆驾驶员、工程机械操作工、电工、焊工等特殊工种的工人进行教育、培训考试和审证等工作。

（11）负责好重大事故的调查处理，做好事故统计、分析和汇报。

（12）关心群众生活，督促有关部门落实职工劳逸结合的措施。

（13）开展安全生产竞赛活动，表扬好人好事，总结推广安全生产经验，组织开展安全生产教育，并负责对新进人员进行进场教育。

（14）严格控制各种设备生产能力，不得超载、超负荷运行。

（15）经常注意本场要害部门（油库、锅炉、乙炔气、氧气、危险品库、高压配电间等）的安全工作，检查危险品的使用和储藏，并经常对使用和保管人员进行安全教育。

（16）经常进行安全巡回检查和定期检查，遇到特别不安全情况时，有权决定先行停止生产，并报有关部门处理。

（17）作业员必须规范操作，严禁焚烧废弃物，严禁烧荒。

3. 职业卫生和个人防护

（1）垃圾填埋场的规范安全运行制度

1）按垃圾成分、垃圾量及填埋库区场地实际，配置压实机，确定压实次数，每层摊铺层厚度控制在 $0.5 \sim 0.8\,m$，最厚不得超过 $1\,m$；对填埋垃圾进行压实，压实密度应大于 $600\,kg/m^3$，最好达到 $800\,kg/m^3$ 以上，每层填埋厚度为 $5\,m$，以降低垃圾空隙率，减少空隙中的水分和空气，减少沉降。

2）作业斜坡度 1:3，坡面作业要尽量一次完成，避免因修补而造成局部塌方；每层填埋完成向中心缩进 $5 \sim 6\,m$，垃圾层面可以有因沉降而造成的波浪形，使层与层之间有相互牵扯作用；要及时做好填埋覆盖，减少进入垃圾层的降雨量，避免垃圾层因雨水过多而失稳。

3）填埋区临时道路或卸料平台的铺设：临时道路基础必须平整并碾压结实，钢板路基箱临时道路铺设必须平整，钢板路基箱之间、钢板路基箱与卸料平台之间间隙的连接必须紧密扣好。

4）作业面控制：垃圾进量在 1 000 t/d 以下时，每日作业面应控制在 500 m² 以内；当垃圾进量在 1 000～2 000 t/d 时，每日作业面应控制在 1 000 m² 以内，以此类推。

5）填埋作业：坝堤边 3 m、导气石笼周围 2 m 内严禁推铺、碾压作业，应用挖掘机在距离坝堤或石笼 3 m 外处均匀摊铺填埋，确保不损坏坝堤塑料膜保护层和导气石笼。

6）气体导排、渗沥液系统：生活垃圾中的水和气对堆体稳定有影响，必须将垃圾堆体中水和气排出堆体，一般可采用盲沟、石笼、排水井和排气井等设施，对堆体内部进行导排。垃圾裸露面不得超过 12 h，每天作业完成后用 HDPE 膜进行日覆盖，实施雨污分流，防止雨水进入堆体。

7）对终场区域及时覆盖 0.8～1 m 厚的黏性土并进行植被恢复，除可防止雨水冲刷之外，还可在坡面上起到筋网作用，阻止滑动弧面的形成，使离散垃圾体整体性增强，提高垃圾堆体的稳定性。

（2）防火、防爆。主要安全隐患在于垃圾填埋区域的有毒有害气体的产生与扩散。在气温较高的夏季，有机质分解加速，有毒有害气体浓度较高，特殊气象条件下还可能发生甲烷气体浓度超过爆炸极限的可能性，从而引起爆炸。另外，由于有毒有害气体浓度的增高，可能发生工作人员中毒事故。所以，应严格禁止在垃圾填埋场导气笼附近使用烟火。

1）设置导排系统，并在场内设置两处监测仪器对甲烷浓度进行监测，并安装报警器和燃烧装置，当甲烷含量超过 5% 时，报警器提醒，甲烷通过导气管顶端安装的燃烧器燃烧。建（构）筑物内，甲烷气体含量严禁超过 1.25%。

2）在填埋场库区边缘设置消火栓，并备有干粉灭火机和灭火沙土，以防火灾发生。

3）在填埋场库区周边设置实心防火墙，以防火灾蔓延而引起森林大火。

4）在填埋作业现场人员活动较频繁的地段，设置临时安全围栏。

5）在填埋场区设置醒目的消防、禁火标志，并做好员工和外来人员的安全教育，定期进行消防演练。

6）进入填埋作业区的车辆、设备应保持良好的机械性能，应避免产生火花。

7）对工作人员应按时发放劳保用品（如面罩等），减少发生中毒事故的风险。

8）制定安全操作规程，严格管理和督促检查，认真贯彻国家和地方有关劳动安全的规定。

9）消防安全必须贯彻：坚持"以防为主，防消结合"的原则，经常地加强教育和培训，目标为杜绝一切消防事故。

10）负责抓好消防工作，对灭火器材要经常检查，定人定期更换好泡沫灭火机内的药粉，对二氧化碳、干粉、干沙、"1211"灭火机，按各要害部门的需要分别设置在定点位置，妥善管理，经常检查。

11）负责办理火警事故的分析、调查，提出处理意见，并参与重大伤亡事故的调查研究。认真执行消防部门的有关规定，确保办公楼消防安全。

12）万一发现火警，立即携带灭火器具奔赴出事现场，用灭火器灭火，并报告领导。

13）每班必须有两人当班，严禁脱岗，防止无人看守而发生意外事故。下班前，必须进行全面检查，并做好当班记录。认真加强办公楼的安全保卫制度，确保设备及财产安全。

14）搬运易燃易爆物品应轻拿轻放，不能撞击，库房应加锁加固，由专人保管钥匙。

15）加油站必须积极参加所在地区联防，贯彻"以块为主、条块结合"的要求，保障油库安全经营。

16）加油站进出口及泵等处应挂钉进出口牌和严禁烟火的标志，进口处应设立加油站进站须知的宣传牌。

17）加油站负责人或轮流值班的安全员必须对油库执行贯彻各项安全操作制度的情况进行全面监督和检查。

18）加油站内的电器设备必须符合设计规范，未经主管领导或非专职电工，不得随意接拉电线。

19）严禁在油站内用铁器敲击，严禁向汽车的汽化器注油，严禁在油站内检修各种车辆。

20）严禁在加油站附近的道路或空地上使用明火或燃放烟花鞭炮，做好关注、警戒和劝阻。

（3）填埋作业相关工种安全作业规程

1）物资采购员

①采购必须按照仓库物资"请购单"进行，如果要改变"请购单"上的品种、规格、型号、数量，必须与仓库管理员联系取得同意后方可采购。

②物资采购要到评估过的合格供方（商店或单位）采购，如需要到其他商店采购的物资，须经主管部门同意，并要检验供方提供的经营许可证（营业执照）和资质证

明，保证物资质量，谨防假冒。

③采购机械、电器等各类设备要有产品的质量证明书，检验报告应包括产品型号、规格、技术要求、产品的验收依据、准则或标准以及使用说明书。

④掌握市场物与价格的信息，采购物美价廉质量好的产品。

⑤加强资金保管使用安全，采购产品应遵循先查验产品再付钱的原则，以防资金被骗。

⑥严禁酒后采购、提货，以防伪劣产品混入被骗。

⑦提危险品货源，应按有关消防规定提货。

⑧提大件时，要有专人指挥、协调，防止损物伤人事故。

2）高低压配电工

①高低压配电工必须经专门培训，经考核合格持有高压执照后，方可操作。

②高低压配电间必须实行值班制度和交接班制度，并做好当班记录及各类报表。

③单人值班时，不准超越过栏，不准从事倒闸或修理工作。

④倒闸操作时，必须按倒闸操作唱票制度进行，即必须有两人进行，一人操作，一人监护。

⑤倒闸操作时必须戴好绝缘手套，穿好绝缘靴。

⑥倒闸操作切断电源时，应先拉脱开关，然后再拉脱闸刀，若不这样做，就会造成带负荷拉刀闸的事故。

⑦倒闸操作合上电源时，应先合上闸刀，再合上开关，否则也会造成带负荷合刀闸事故。因刀闸不能切断负荷电流，而开关在灭弧装置前，所以能切断负荷电流。

⑧高压配电间内，严禁带进食物，门窗密封程度要高，防止老鼠等小动物钻进机房，造成短路等事故，从而引起火灾等连锁反应。

3）危险品仓库保管员

①危险品仓库保管员必须遵守仓库保管员的一般规定，并经专门培训，考试合格，持有劳动局统一颁发的操作证，方可独立操作。

②严禁烟火，严禁在库内存放生活用品和饮用食品。

③库内应通风良好，温度、湿度都应符合安全保管的要求。

④各种易燃、易爆、氧化、腐蚀等化学物品应注意禁忌规定，按性质分别存放；接触后能燃烧、爆炸、放出有毒气体的物质，不能同库存放；灭火方法不同或相抵触的物品，也不能同库存放。

⑤物品搬运时应轻拿轻放，不能撞击，对氧化剂、自燃物、易燃品、盛装压缩气

体和液化气体的容器等不能震动与摩擦，并禁止日光暴晒，在开启容器时，应用撞击不产生火花的工具。

⑥对剧毒物品应建立严格的二人保管制度和专用的领用发放审批制度，并妥善存放在专室或有可靠防护的箱柜内。

⑦盛装毒品的容器不能乱丢，要集中进行消毒处理。

⑧化学物进库、检查、分装、养护、发放时，应根据物品的性能，使用规定的防护用品，如防毒面具、口罩、耐腐蚀的手套等。

⑨库房应分别配备足量的不同用途的消防器材，放在拿取方便的地方，并定期检查，对不能用水灭火的库房，应有醒目的"严禁用水"字样。

⑩定期或不定期做好对危险品仓库的检查工作。

4）清洗工

①使用的班组须指定专门培训的操作管理人员，管理人员必须认真负责。

②使用泵前应仔细检查润滑油，油位不应低于油标玻璃的红线，也不应超过绿线；检查各部位机件有无损坏，各连接管道是否有渗漏现象。

③泵起动后，拧紧高压腔螺丝，堵上 M16 内六角螺丝钉，放尽高压腔内的空气，然后拧紧，空载运转 5 ~ 10 min，此时泵不得有异常噪声（音），抖动管路检查有无泄漏等现象，确认一切正常方可投入使用。

④按"起动"按钮，电动机开始起动，绿灯熄灭，黄灯即亮，同时，时间断电器开始工作，经一定时间后（即时间断电器控定时间），时间断电器触电闭合，交流接触器接通而自行切换，使电动机正常运转，同时黄灯熄灭、红灯亮，按"停止"按钮，电动机则停止工作。

⑤检查板机是否灵活。根据清洗对象选用喷嘴外壳拧卸，将喷嘴装上拧紧。

⑥插上胶管，与脚踏控制阀相接通，板机试喷正常方能投入使用。

⑦在使用时，不得将喷枪对准人和经不住高压喷射的物体，以免发生人员受伤和物体损坏。

5）门卫人员

①全体人员在安保部门的领导下，在队长（组长）的带领下，统一安排，严守保安纪律和各项规章。

②当班队员必须统一着装，规范站岗，不得出现迟到早退、擅自离岗等违纪现象。

③门卫执勤人员必须做到站岗接送人或车，做好职工考勤记录、值班记录和接收、分发各类报刊信件。在执勤中，不准无关人员进入大门闲逛或与无关人员嬉闹闲聊，

树立自身形象，保持工作的责任性和严肃性。

④夜间警报器发生报警信号时，必须由两人同时到达防区位置认真查看，一人留守门卫室，把查到情况及时向有关人员汇报，通过联网的警报器向区报警中心电话汇报，并在值班记录簿上写明。

⑤做好各类车辆进出场的检查工作，防止国家和集体财产流失。

6）水道维修工

①水道维修工必须经专门培训，考试合格，持有特殊工种操作证，方可操作。

②水道维修工必须遵守"低压用户电气装置规程"的规定进行安装和维修工作。

③维修工进入施工工地必须戴好安全帽，在安装或修理前要认真检查工具和工作物件，做好现场警戒措施，截断各种生产管道或打墙洞时一律戴好防护眼镜。

④登高作业时，必须系好安全带，如作业需要搭临时脚手架，必须符合安全要求。跳板应为不少于 5 cm 厚的坚固木板，单人跳板宽度不能少于 60 cm，双人跳板不能少于 150 cm，跳板的坡度不能大于 1∶3，板面应设防滑条，长度超过 3 m 的跳板，必须设置支撑。

⑤在黑暗地方操作时要用 36 V 低压行灯，并至少两人一起操作。

7）道路或卸料平台保洁工

①道路保洁工在道路清扫作业时，要注意来往车辆行驶，避免碰伤等意外事故的发生。

②在码头清扫作业时，要注意车辆及吊机的运转情况，预防碰撞。

③要注意码头污水盖板是否完好，防止垃圾扫入污水沟而造成堵塞，更应注意不要在行走或作业时踩入污水沟而扭伤。

④运用装载机刮铲垃圾时，要遵守汽车驾驶员的安全技术操作规程。

⑤合理穿好劳防用品，防止垃圾中尖硬物戳伤脚。

8）汽车驾驶员

①驾驶员必须严格遵守交通规则和安全操作规程，服从交通民警和值勤人员指挥，遵守公司行车规定，注意各种指示、警告和禁令标志，不准驾驶与证件不符的车辆。

②行车前必须对刹车、喇叭、方向盘、灯具等安全设备进行检查，同时必须做好例行的保养工作。

③车辆进入作业区，严格按照"分道行驶，各行其道"的原则，严禁压线跨道行驶，严禁酒后驾驶，严禁逆向行驶。

④驾驶车辆时，必须集中思想，认真驾驶，开车时严禁与他人谈笑，或边驾驶边

吸烟、吃零食等，严禁酒后驾驶，无证不准开车。

⑤驾驶员必须认真做好行车、转弯，不忘三件事：减速、鸣笛、靠右行车。

9）加油工

①严禁一切明火进站，严禁在站内吸烟、检修车辆，严禁用铁器敲击油箱和其他铁制容器，严禁穿着带钉鞋子，严禁使用手机、BP机。

②装卸油料入库时的安全，由当班油料保管员和油罐车同时负责。必须做好测量、关闭量油孔以及现场监护等工作。

③加油泵发油时的安全由当班油料保管员负责，必须做到：未停车熄火不发；引擎、油箱等无盖不发；油箱渗漏不发；车、船载炽热物品不发；非金属容器不发；严重电闪雷击时不发；地面溢油未处理好不发；从出口进入的车辆不发。

④本站工作人员有责并有权对违反入站须知的车辆、人员采取劝阻、教育及强制出站等管理措施。

⑤各种灭火器材，必须合理按性能配备齐全、落实到岗，分工负责保管维护，经常保持良好状态，遇有情况，本岗首先使用，其他岗位立即配合。

⑥工作时间，必须有两人当班，轮流就餐，严禁脱岗，防止无人看守而发生意外事故及事故苗子；下班前，必须进行全面检查，并做好当班记录。

10）灭蝇工

①喷洒人员要掌握配制药物的作用、毒理和药害性质，作业前必须穿戴好劳动防护装备。

②药液配制必须面对下风向，注意安全，严禁酒后作业。喷洒作业应侧向面对下风向，由下风向向上风向进行作业，观察进行方向的地形地物，谨慎细微地安全作业。

③配制药物。开启药瓶塑料密封塞必须借用工具，严禁用裸露手指开启。

④体弱多病、患皮肤病和其他疾病尚未恢复健康者、皮肤外伤未愈合者，不准参与配制药物和喷洒作业；配药喷药作业必须穿戴规定的防护用品，并检查作业物套是否渗漏，严禁使用渗漏的手套进行作业。

⑤日喷药连续作业时间不得超过 6 h，连续喷药 4 次后必须停休 1 天；严禁在炎夏高温的中午进行配药、喷洒作业。

⑥作业时间内不准吸烟、饮食；不得用被药液污染的手擦嘴、眼睛和脸；作业完毕后脱去防护服，并用清水或药皂擦洗手、脸部皮肤，再用清水漱口，必须每天清洗防护服，按规定更换防护口罩；一旦有药液污染眼睛、皮肤后，必须立即用清水冲洗或及时请医生处理。

11）焊、割工

①焊、割工必须进行安全技术培训，经考试合格，并持有安全操作证才能独立操作，不得将焊、割工具和设备给非焊、割人员使用。

②凡是明确从事焊、割工种的艺徒工，一定要在师傅的监护和指导下，方可进行作业，不得单独操作，师傅在传教艺徒操作技术的同时，必须同时传教安全操作的要领，在带领过程中，师傅要对艺徒的安全负责。

③一切气、电焊工种人员，每天作业前，必须检查自己使用的各种气、电焊工具和设备是否完好安全，如发现有漏气、走电等不安全现象应停止使用，待检修好后方可使用。

④焊、割工的操作现场离开气瓶的距离必须不少于 10 m，乙炔瓶和氧气瓶的存放距离不得少于 5 m。

⑤在作业时，如要搬移气瓶时，应先停止使用，关掉气阀，轻拿轻放，防止剧烈震动。

⑥乙炔、氧气瓶应有防震、防爆胶圈，旋紧安全帽，并避免碰撞；防止暴晒，在野外作业时，应有防晒措施；冬季冻结时不准用火烤。

12）电工（交流电）

①所有电工必须经过安全技术培训考核，并持有安全操作证，方可单独操作，同时必须按照上海供电局"低压用户电气装置规程"的规定进行操作。

②所有电工一律不准带电作业，如遇特殊情况，必须带电操作时，要经领导批准后，穿戴好绝缘防护用品，使用绝缘完好的工具，并在派遣有经验的电工搭配、监护下，方准带电作业，高空作业人系好安全带，雷雨时严禁带电作业。

③所有电工不准在未经证明无电的电器设备和线路上进行操作。在检修前先拉下电源开关，拔去熔丝，挂上"有人操作，严禁合闸"的警告牌，方可操作。

④人工立杆，所有叉木应坚固完好，操作时互相配合，用力均衡，立杆时，坑内不得有人，基坑夯实后方准拆去叉木。登杆前需检查安全带和有关工具，确认安全可靠时，方能作业，一根杆上不准两人同时作业，上下杆时严禁滑行和跳下。

⑤用吊车配合立杆时，要遵守起重运输安全技术操作规程。杆上作业时，地面要有人监护，杆周围 2 m 以内不准站人。现场人员必须戴安全帽，上下之间不准投掷物件。

⑥分布电箱内的线路开关，应安装整齐，各种线路以一机一闸为原则，不准一闸多机，不准多机串联接地，每月检查线路和接头一次，电箱内或配电板内的各种开关

与所控制的电动设备分别标明。

⑦所有总分线路均分布电箱内，均应装置熔丝，熔丝的规格应与用电量相适应，不准用多股铜丝代替一根较粗的熔丝。

6.3　安全事故案例分析

学习目标

掌握相关事故的处理流程和处理方式

掌握各种物品的防燃、防爆处理手段

熟悉对事故产生原因的分析

6.3.1　安全事故案例

1．车辆倾翻

2009 年 1 月 15 日上午 10 点 55 分，上海老港填埋场，当运输车在驶进钢板路基箱及卸料平台停稳后，开始倾倒垃圾时，整车 180°向后翻转，但无人受伤，属物损事故，如图 6—2 所示。

图 6—2　车辆倾翻事故

处理措施：成立安全事故领导或调查小组；调查人员到事故现场勘察设备状况，根据垃圾运输车辆载重量以及事故当事人陈述，通过勘察、调查和分析，事故原因为驾驶员在操作时没有将支腿与液压缸同步操作，调查小组结论是驾驶员违章操作。

2．挖掘机倾翻

2010 年 8 月，浙江处州莲都一辆挖掘机发生侧翻，车上的一名挖掘机驾驶员被碾压。据死者的工友介绍，出事的挖掘机之前是在这条乡间道路上施工做路基的，当天施工方准备用农用车把挖掘机运到其他地方继续施工。挖掘机驾驶员就试图驾驶挖掘机爬上拖拉机，但由于挖掘机自身太重，在爬到一半时，拖拉机受到推力后便向前溜去，挖掘机随即翻倒在地，驾驶员被压在了下面。消防员救出时驾驶员已经遇难。

3．挖掘机失火

2008 年 12 月 19 日中午 12 点 57 分左右，在重庆市高新区科园三路施工地点，一挖掘机发生燃烧，约 3 min 后发生爆炸。13 时左右消防队员赶到现场，经过十多分钟施救，将火扑灭。整个挖掘机被烧得漆黑，发动机等重要部件烧焦，还冒着烟。旁边一保安目击了整个过程，据他回忆，当时他正在吃饭，抬头看见离他约 10 m 远的挖掘机冒着黑烟，不到 1 min，火苗已经窜遍整个车身。

4．堆体滑坡

2009 年 2 月，深圳下坪固体废弃物填埋场堆填区崩塌，数百吨垃圾、污泥流入布吉河，并经深圳河流进香港，使米埔自然护理区受到威胁。由此可见，垃圾填埋堆体一旦失稳，其后果则是灾难性的。垃圾填埋堆体失稳导致的安全与环境问题不容忽视，已成为环境岩土工程研究领域面临的新问题。

5．堆体自燃

菲律宾首都马尼拉市最大的垃圾处理厂——帕亚塔斯垃圾场堆放了约 300 万 m³垃圾，约有 11 层楼高，垃圾场四周是 8 万多人口的贫民区。2000 年 7 月 10 日早上 7 时 30 分，垃圾场突然发出一阵低沉的爆炸声，随后如雪崩般地轰然倒塌，转瞬之间将周围 100 多间木制贫民棚屋淹没。垃圾堆倒塌时压毁了电线杆，导致电线走火，引燃垃圾，进而造成大火蔓延。事故共造成 124 人死亡，100 多人下落不明。

6.3.2 事故分析与借鉴

1．事故特点

国内多数城市生活垃圾以填埋处置为主，生活垃圾通过填埋会产生大量的垃圾沼气，其中含易燃易爆的甲烷等气体。沼气一旦遇到房屋或棚罩阻拦，浓度上升达到爆炸的极限，就会发生爆炸和火灾事故。垃圾内的易燃易爆物质受足够能量激发，也会燃烧爆炸。目前，国内对生活垃圾填埋场沼气的管理相对薄弱，一些旧的垃圾填埋场没有开展填埋场气体监测，没有配备防爆、灭火设施，一些新建的填埋场虽然配备了相关设施，却因管理不善未能充分发挥作用，导致垃圾场火灾爆炸事故时有发生。

（1）填埋垃圾产生的沼气主要成分是甲烷和二氧化碳，以及少量的一氧化碳、氢气、氧气、氮气、硫化氢等。甲烷、一氧化碳、氢气和硫化氢等均具有火灾爆炸危险性，而垃圾中有害气体危险特性主要分类如下。

1）窒息性气体，如：甲烷、二氧化碳、氮气、氢气。

2）有毒气体，如：一氧化碳、硫化氢。

3）易燃物，如：纸张、木材、塑料、皮革、橡胶、油料等。

（2）导致填埋场垃圾燃烧的主要因素

1）铁器碰撞产生火花。

2）雷击产生火花。

3）电气产生火花。

4）人员吸烟。

5）玻璃片在太阳照射下形成高热聚光点，导致生火。

6）垃圾清运车运来未熄灭的鞭炮残骸。

垃圾中易燃物形成点火源，引燃填埋场垃圾或沼气，发生火灾爆炸事故，主要受害人是垃圾填埋场的作业人员及附近的居民。

（3）采取措施

1）防火间距。生活垃圾填埋场，垃圾中含有机物腐烂发酵而产生的易燃易爆的沼气。垃圾填埋区域内及周边严禁修建各种建筑物，应满足《建筑设计防火规范》（GB 50016—2014）的要求。

2）防爆区域。垃圾填埋场填埋完成后，绘出垃圾沼气可能分布的危险区域图，根据释放源的级别和位置、易燃物质的性质等，按防爆等级确定电气设备的级别和组别，便于设备运行后的维修及管理。

填埋区域或渗沥液泵房、集水井抽送风机、净化装置、压缩机室配置的电气设备、维修工具、照明灯具等，要满足防爆要求。电缆敷设的穿墙或穿管孔洞要采用阻火材料作隔离密封，以防电缆蹿烧。设备与管道均要设置防静电接地，输送沼气管道4个及以下螺栓的法兰、阀门等连接处应设金属跨接线，防止静电放电产生火花。

3）防爆和报警。垃圾处理厂抽风机室、压缩机室和液泵房内，应设置足够大的泄压面积，以便在发生燃爆时，确保厂房的主体结构和主要设备不会遭受严重破坏。泄压设施宜采用轻质屋面板、轻质墙体和易于泄压的门、窗等，不应采用普通玻璃。泄压设施的设置应避开人员密集场所和主要交通道路，并应靠近有爆炸危险的部位。作为泄压设施的轻质屋面板和轻质墙体的单位质量不宜超过 60 kg/m²，屋顶上的泄压设施应采取防冰雪积聚措施。如果厂房发生燃爆，轻质屋面板和轻质墙体不会对周围设施造成很大的破坏。

抽风机室、压缩机室、液泵房等甲类厂房的顶棚应尽量平整、避免死角，厂房上部空间应通风良好，以防止沼气在厂房内积聚。抽风机室、液泵房、加气站等场所应设可燃气体检测报警装置。可燃气体检测器的水平平面有效覆盖半径，室内宜为7.5 m，室外宜为15 m，安装高度距屋顶 0.5～1 m 为宜。

垃圾填埋场导出的沼气含有少量的一氧化碳、硫化氢等，均属于有毒气体，为了防毒，在鼓风机室等可能泄漏有毒气体的场所，应设置有毒气体报警仪。有毒气体检测器的水平平面有效覆盖半径，室内宜为7.5 m，室外宜为15 m，安装高度距地坪0.3～0.6 m 为宜。沼气管道应设置氧气含量报警装置，其设备及管道设置相应的氮气吹扫装置以及沼气放散阀取样装置，随时分析检测沼气中的含氧量，防止沼气中含氧量超过2%，禁止含氧量超标的沼气进入气柜。

4）防雷防静电。填埋场或沼气笼、集水井、泵房抽送风机，应采用独立避雷针防直击雷，并设独立接地引下线，每一根引下线的冲击接地电阻不应大于10 Ω。防感应雷的措施为，建筑物内设备管道构架等主要金属物就近接至防直击雷接地装置，或接至电气设备的保护接地装置上，金属屋面周边每隔18～24 m 用引下线接地一次。

沼气净化装置防直击雷的引下线不应少于两根，其间距不应大于18 m，每根引下线的冲击接地电阻不应大于10 Ω。防感应雷的措施与抽风机室等相同。引下线如果只有一根，一旦断路就无法将雷击电顺利引入大地，一旦遭遇雷击，可能引燃沼气。独立避雷针不应设在人经常通行的地方，针尖不得设在爆炸危险区内，接地装置与道路或厂房出入口的距离不宜小于3 m，否则应采取均压措施或铺设砾石、沥青路面，以防雨天人员遭受跨步电压伤害。

5）消防措施。垃圾填埋场要有环形消防通道与其他车道连通，通道的净宽度和净空高度不应小于4 m；供消防车停留的空地，坡度不宜大于3%；尽头式消防车道应设置回车道或回车场，回车场的面积不应小于12 m×12 m。

应按照火灾类型的不同选用相应的灭火器种类，垃圾填埋处置作业点、覆盖烫膜作业点可采用二氧化碳、干粉灭火器，集水井、泵房、配电室应选用磷酸铵盐、干粉灭火器等。生活垃圾填埋场产生的沼气含有大量易燃易爆的甲烷气体，极易引发火灾与爆炸事故。为避免或最大限度地减轻处置场沼气火灾与爆炸事故对企业财产和员工生命安全造成的危害，高效有序地开展排险救灾工作，保障垃圾填埋处置场处置工作的顺利进行，根据国家安全生产法和消防法等法律法规和市局对安全工作的要求，处置场应本着"早预防，早安排，早落实"的原则，结合垃圾填埋场处置、覆盖、雨污分流膜覆盖工程和打沼气井等工作实际，经认真研究，制定应急预案。

2．事故防范

（1）企业建立安全组织机构

1）安全领导小组。

2）防沼气火灾与爆炸事故抢险领导小组。

3）防沼气火灾与爆炸事故抢险工作小组。

（2）工作职责

1）防沼气火灾与爆炸事故抢险工作领导小组负责领导抢险救灾工作。抢险工作小组负责垃圾填埋场区域（如库区或沼气笼、管道、集水井、泵站、调节池、污水站等）沼气浓度的监测与抽排工作。

2）要密切关注沼气导排相关专业技术工作。

3）要密切关注填埋区域沼气浓度变化情况。

4）作业区域禁止烟火，雷击天气停止作业，撤离人员，进行封场。

（3）预防监控措施

1）防沼气火灾与爆炸事故抢险工作小组成员要以对企业财产和员工生命高度负责的工作态度，加强值班和安全检查，落实各项措施，保证通信畅通。

2）库区或沼气笼、管道、集水井、泵站、调节池、污水站等地点应加强抽排和监测工作，确保沼气按时抽排减压。

3）填埋场准备一台工程机械，随时调动抢险。

4）预留一台水车，配备高压喷头，加满水待命，保证随时出勤。

5）库区警示标牌的制作与安置。

6）要督促沼气导排与维护，监督沼气导排工程进场施工情况。督促电工一旦发现老化及破损电器线路，应及时更换，以免发生电器线路短路产生火花，并定期检查线路接头、形状，防止短路跳火。

7）现场安全巡查员应负责，填埋场作业人员、施工人员及在场所有人员一旦发现安全隐患，及时处理和报告，使事故隐患得到及时消除和有效监控。

8）要加强垃圾场沼气引发火灾与爆炸事故的危害性和有关的排险救灾知识的宣传，大力报道先进人物和事迹，充分发动群众积极参与预防监控工作。

本章测试题

一、判断题（下列判断正确的请打"√"，错误的打"×"）

1. 劳动法的有关规定将劳动纪律作为企业经营管理权的一项内容予以强化，并将劳动纪律的效力与劳动合同挂钩。 （   ）

2. 全国劳动模范或劳动英雄称号，应经省级人民政府和国务院各部、委推荐，由人民代表大会授予。 （   ）

3. 员工必须服从组织安排和调配，听从公司部门或班级领导的指挥。 （   ）

4. 在紧急状况下，员工不得以任何借口拒绝抢救公司财产和他人生命。 （   ）

5. 职业道德的第一项内容就是文明规范的操作。 （   ）

6. 严重污损的机械设备，也可以投入生产运行中，但必须及时做好保养维护。

（   ）

7. 员工上班时不准赤膊、赤脚、穿拖鞋、穿短裤。 （   ）

8. 因故迟到和请假的时候，可以事后通知，来不及的时候先忙自己的事。（   ）

9. 不准寻衅闹事、吵架斗殴，可以偶尔参与赌博及其他相关活动。 （   ）

10. 员工必须保守本公司商业秘密和技术秘密，维护公司形象、声誉和利益。

（   ）

11. 因特殊作业、占用道路、危化品泄漏等设置的临时安全标识牌，施工等作业结束可以不用撤走。 （   ）

12. 物资储存室、危险品储存室、油罐车停放点、停车场设有"禁火、有毒危险"标识的提示牌。 （   ）

13. 确因工程需要使用明火，必须向场部提前申请，经有关技术人员检测，具备使用明火的条件时方能使用。 （   ）

14. 填埋区推土机在同一地方作业，前后距离应大于5 m，左右相距大于1.5 m。

（   ）

15. 在招聘新工人工作时，无须考虑其年龄、性别、健康状况和技术水平与工作岗位之间的关系，只要达到法定年龄即可。 （   ）

16. 进入填埋作业区的车辆、设备应保持良好的机械性能，应避免产生火花。
（　　）

17. 严禁酒后采购、提货，以防伪劣产品混入被骗。（　　）

18. 当运输车辆发生倾翻事故时，公司要第一时间成立安全事故领导或调查小组。
（　　）

19. 钢板路基箱防滑焊接条表面必须保持清洁，防滑条必须完好，无翘起现象，发现情况立即处理。（　　）

20. 转弯区域内禁止会车，并设置警示牌。（　　）

21. 对影响生产（工作）及质量、危及设备和人身安全的违章作业指挥，有权拒绝执行，并及时向上报告。（　　）

22. 检查推土机各部位有无漏水、漏油、漏气现象，若有，则应找出原因并排除。
（　　）

23. 检查蓄电池的充电量、电气线路和照明设备情况，以保证正常使用性能。
（　　）

24. 检查发动机周围有无垃圾，防止可燃垃圾受热燃烧，导致安全事故。检查消防设备，确保其处于良好状态。（　　）

25. 填埋场有要求每天作业完成后都要对作业面进行全部覆盖。（　　）

26. 电缆敷设的穿墙或穿管孔洞可以不采用阻火材料作隔离密封，以防电缆蹿烧，设备与管道均要设置防静电接地。（　　）

27. 泄压设施的设置应避开人员密集场所和主要交通道路，并靠近有爆炸危险的部位。（　　）

28. 抽风机室、压缩机室等甲类厂房的顶棚应尽量平整、避免死角，厂房上部空间应通风良好，以防止沼气在厂房内积聚。（　　）

29. 有毒气体检测器的水平平面有效覆盖半径，室内宜为 7.5 m，室外宜为 15 m，安装高度距地坪 0.3 ~ 0.6 m 为宜。（　　）

二、单项选择题（下列每题的选项中，只有 1 个是正确的，请将其代号填在括号中）

1. 经济罚款的种类有罚款、停发工资、降低工资级别和（　　）四种形式。

A. 罚金　　　　B. 违约金　　　　C. 赔偿经济损失　　　D. 赔偿精神损失

2. 职业纪律的内容有岗位责任、操作规范和（　　）。

A. 诚信友爱　　　B. 团结进步　　　C. 规章制度　　　D. 爱岗敬业

3. 员工在业务技术学习、开会及其他集体活动时不得（　　），不得交头接耳，不得喧哗，不看与活动内容无关的书报。

　　A. 随便发言　　　　B. 无故缺席　　　　C. 玩手机　　　　D. 随意进出

4. 文明作业主要表现在（　　）。

　　A. 仪容端庄

　　B. 举止文明

　　C. 待人和气

　　D. 仪容端庄、举止文明、待人和气、规范操作

5. 操作人员应具有如下职业道德：（　　）。

　　A. 文明作业规范

　　B. 穿戴好工作服、持证上岗

　　C. 热爱本岗位，规范操作

　　D. 员工必须正确认识本职工作，明确自己工作的目的和意义，热爱本职工作，乐于为市民服务，忠实履行自己的职责，遵守单位的规章制度

6. 员工之间的团体意识包括了（　　）。

　　A. 员工必须以集体主义为根本原则，正确处理个人利益、他人利益、班组利益、部门利益和公司利益的相互关系

　　B. 员工之间应互相帮助，团结协作

　　C. 爱护公共财产，不损坏公司或他人财物

　　D. ABC 均正确

7. 公司各部门、班组和员工当班工作结束后，必须做到三清，一是场地清，二是工具清，三是（　　）。

　　A. 用料清　　　　B. 设备清　　　　C. 车辆清　　　　D. 操作平台清

8. 行为规范开展工作，体现了职业化三层次内容中的（　　）。

　　A. 职业化素养　　B. 职业化技能　　C. 职业化行为规范　　D. 职业道德

9. 员工必须遵守和弘扬家庭美德，夫妻恩爱，尊老爱幼，和睦家庭，（　　）。

　　A. 尊重他人　　　　B. 尊敬领导　　　　C. 团结邻里　　　　D. 爱戴下属

10. 员工应自觉遵守公司有关规定，杜绝不良行为发生，应该（　　）。

　　A. 为了升职，向领导送礼　　　　B. 对上一套，对下另一套

　　C. 表里不一　　　　D. 乐于助人、匡扶正义、抵制歪风

11. 企业员工遵纪守法，必须做到（　　）。

A. 知法犯法   B. 服从管、卡、压

C. 违法必究   D. 学法、知法、守法、用法

12. 道德规范和法律规范的联系和区别是（　　）。

A. 二者作用范围相同   B. 二者的产生、发展相同

C. 二者依靠的力量不同   D. 二者没有什么关系

13. 填埋场道路标识主要针对的对象是（　　）。

A. 机动车辆   B. 工作人员   C. 非机动车辆   D. ABC 均正确

14.《安全标志及其使用导则》（GB 2894—2008）中规定的安全标志包括道路交通标志和（　　）标志。

A. 消防安全   B. 职业病危害警示

C. 环境保护图形   D. 以上三种标识和危险品

15. 员工标识：凡是本公司员工穿着公司工作服，道路和卸料平台清扫保洁人员还需穿着（　　）道路作业识别服和袖套。

A. 黄色   B. 红色   C. 橘黄色   D. 橘红色

16. 职业健康安全有何作用和意义？（　　）

A. 高水平的安全卫生是全社会的责任。

B. 从业人员应享有舒适的工作环境。

C. 促进行业安全卫生的不断提高。

D. 促进和保持从事所有职业活动的工人在身体健康方面的安全。

17. 劳动者依法享有（　　）权利。

A. 职业道德保护   B. 职业卫生保护

C. 职业安全保护   D. 职业危害保护

18. 职业病防治工作履行（　　）职责，维护劳动者的合法权益。

A. 监督   B. 监管   C. 检查   D. 监察

19. 职业病危害预评价报告应当对建设项目产生的职业病危害因素及其对工作场所和劳动者健康的影响做出评价，确定（　　）。

A. 危害类别和职业病防护措施   B. 危害类别

C. 职业病危害因素   D. 职业病防护措施

20. 劳动者进行上岗前的职业卫生培训和在岗期间的定期职业卫生培训，应普及职业卫生知识，指导劳动者正确使用职业病防护设备和个人使用的（　　）用品。

A. 职业危害   B. 监控仪器   C. 监测设备   D. 职业病防护

21. 推机作业时确保作业面满铺，边缘成自然坡度，坡度应（   ）。

A. 小于1:3　　　　B. 小于1:5　　　　C. 大于1:3　　　　D. 大于1:5

22. 卫生填埋场环卫型推土机选型为：自重在（   ）t以上，坡面行驶坡度可达1:1.73（30°），铲刀采用环卫型铲刀。

A. 15　　　　B. 20　　　　C. 25　　　　D. 以上都不对

23. 挖机在坡上作业时，坡度不超过（   ）。

A. 1:1.5　　　　B. 1:2　　　　C. 1:2.14　　　　D. 1:3

24. 填埋垃圾产生的沼气主要成分是（   ）。

A. 甲烷和二氧化碳　　　　　　　B. 甲烷和硫化氢

C. 二氧化碳和一氧化碳　　　　　D. 甲烷和一氧化碳

25. 导致填埋场垃圾燃烧的主要因素有（   ）。

A. 人员吸烟　　　　　　　　　　B. 雷击产生火花

C. 电气产生火花　　　　　　　　D. ABC均是

26. 供消防车停留的空地，坡度不宜大于（   ）。

A. 1%　　　　B. 2%　　　　C. 3%　　　　D. 5%

27. 企业建立的安全组织机构有（   ）。

A. 安全领导小组

B. 防沼气火灾与爆炸事故抢险领导小组

C. 防沼气火灾与爆炸事故抢险工作小组

D. ABC均是

28. 抢险工作小组负责的垃圾填埋场区域有（   ）。

A. 沼气笼、管道　　　　　　　　B. 集水井

C. 泵站、调节池、污水站　　　　D. ABC均是

本章测试题答案

一、判断题

1. √　2. ×　3. √　4. √　5. √　6. ×　7. √　8. ×

9. ×　10. √　11. ×　12. √　13. √　14. ×　15. ×　16. √

17. √　18. √　19. √　20. √　21. √　22. √　23. √　24. √

25. √　26. ×　27. √　28. √　29. √

二、单项选择题

1. C	2. C	3. B	4. D	5. D	6. D	7. B	8. C
9. C	10. D	11. D	12. C	13. D	14. D	15. D	16. D
17. B	18. A	19. A	20. D	21. B	22. C	23. C	24. A
25. D	26. C	27. D	28. D				

理论知识考试模拟试卷及答案

固体废物处理工（生活垃圾填埋）（五级）理论知识试卷

注 意 事 项

1. 考试时间：90 min。
2. 请首先按要求在试卷的标封处填写您的姓名、准考证号和所在单位的名称。
3. 请仔细阅读各种题目的回答要求，在规定的位置填写您的答案。
4. 不要在试卷上乱写乱画，不要在标封区填写无关的内容。

	一	二	总分
得 分			

得 分	
评分人	

一、判断题（第 1 题～第 30 题。将判断结果填入括号中。正确的填"√"，错误的填"×"。每题 1 分，共 30 分)

1. 填埋气体控制和利用技术从 1998 年杭州天子岭生活垃圾填埋场利用外资引进技术，建起我国第一个填埋气体发电厂开始。　　　　　　　　　（　　）

2. 卫生填埋不必对填埋垃圾的成分做出严格的规定，而填埋场地的选择和设计、卫生填埋作业及毒害控制应有严格的标准。　　　　　　　　　（　　）

3. 卫生填埋场装载机的主要作用是收集散落垃圾。　　　　　　（　　）

4. 多级泵流量大，扬程低。　　　　　　　　　　　　　　　　（　　）

5. 推土机工离开机器时，须确保工作装置完全降至地面，安全操纵杆置于锁定位置，引擎处于关闭状态，所有装置锁住，钥匙随身携带。　　　　　（　　）

6．卫生填埋场主要作业设备包括推土机、挖掘机、装载机、吊车。（　　）

7．卫生填埋场单台推土机推铺作业时，应以卸料堆垛点为顶点呈锥面展开。（　　）

8．挖掘机作业时与推土机协调作业，观察垃圾地形，控制铲斗挖掘深度在 5 m。（　　）

9．多级离心泵由定子和转子部分组成，水泵的定子部分主要由前段、后段、导水圈、尾盖及轴承架等零部件用螺栓连接而成。（　　）

10．钢板路基箱的铺设，以槽钢等为骨架基础，两侧以钢板焊接，使用面层焊以防滑条，箱形结构可以双层、双排或横向、纵向构筑。（　　）

11．抵达垃圾倾卸点后，运输车辆根据所载垃圾重量按由大到小的顺序依次将垃圾卸至作业点。（　　）

12．在进入填埋场地磅房后，将对垃圾进行检查，按照《生活垃圾卫生填埋处理技术规范》（GB 50869—2013）对垃圾类型进行检验并分类。（　　）

13．斜面作业过程，对于少雨地区有利于场区内减少渗滤水收集量，并防止其在作业区内堆积。（　　）

14．边坡由边坡覆盖黏土层、渗滤液收集导渗层、防渗层、土工保护膜、三维网、种植土和植被构成。（　　）

15．HDPE 膜日覆盖的措施可防止药物造成的环境污染，是今后非药物灭蝇的发展方向。（　　）

16．推土机工需持证上岗，熟知推土机的各种主要性能、基本结构、技术保养、操作方法，并按规定进行操作。（　　）

17．在一个工作循环中，推土机必须每次都退回到作业面起点，直到完成作业。（　　）

18．挖掘机在坡上作业时，必须沿坡纵向行驶，尽量避免横坡行驶，防止侧翻。（　　）

19．装载机在起动准备过程中，如果发现变速操纵手柄处在空挡位置，应将变速操纵手柄拨到 1 挡位置。（　　）

20．压实机的行驶操纵次序依次为松开主离合器踏板，接上主离合器，松开手制动器。（　　）

21．作业结束后，清理推土机履带夹杂垃圾，润滑车辆，冲洗驾驶室内外，做到驾驶室内干净、整洁，保持车身表面清洁，养成工作结束后擦车的习惯。（　　）

22. 清理水箱散热片时，可用嘴吹掉水箱散热片上的泥土、灰尘或落叶等杂物。

（　　）

23. 进行每 4 000 h 保养的同时应进行 250 h、500 h、1 000 h 和 2 000 h 的保养。

（　　）

24. 清洗和检查散热器片时，除压缩空气外，还可使用蒸汽或水来除去散热器片上的灰尘、脏物、干叶等。

（　　）

25. 燃油系统保养时，必须把油水混合物及其他脏污全部排出，否则会造成发动机故障甚至损坏。

（　　）

26. 劳动法的有关规定将劳动纪律作为企业经营管理权的一项内容予以强化，并将劳动纪律的效力与劳动合同挂钩。

（　　）

27. 对剧毒物品，应建立严格的单人保管制度和专用的领用发放审批制度，并妥善存放在专室或有可靠防护的箱柜内。

（　　）

28. 平原型填埋场黏土中间覆盖层厚度为 30 cm，垃圾层厚度为 10～20 m 时，黏土中间覆盖层所占用的库容系数可近似取 1.5%～3%。

（　　）

29. 填埋库区的占地面积宜为填埋场总面积的 70%～90%，不得小于 50%。每平方米填埋库区垃圾填埋量不宜低于 10 m³。

（　　）

30. 确因工程需要使用明火，必须向场部提前申请，经有关技术人员检测，具备使用明火的条件时方能使用。

（　　）

得　分	
评分人	

二、单项选择题（第 1 题～第 70 题。选择一个正确的答案，将相应的字母填入题内的括号中。每题 1 分，共 70 分）

1. 中国进行垃圾无害化处理的三种手段不包括（　　）。

A. 填埋　　　　B. 焚烧　　　　C. 自然降解　　　　D. 堆肥

2. 填埋库容应保证填埋场使用年限在（　　）年及以上，特殊情况下不应低于 8 年。

A. 10　　　　B. 12　　　　C. 15　　　　D. 20

3. 根据垃圾填埋量计算，污泥填埋区和生活垃圾填埋区每天需要（　　）个作业面完成填埋作业。

A. 2　　　　B. 2～3　　　　C. 3　　　　D. 3～4

4. 卫生填埋场挖掘机的功能是（　　　）。

　　A. 摊铺和压实　　　　　　　　B. 铺设钢板路基箱

　　C. 整平和修坡　　　　　　　　D. ABC 均不对

5. 卫生填埋场两台推土机配合作业时，由一台推土机将卸下的垃圾推离卸料平台，另一台（　　　）将垃圾向纵深推进。

　　A. 由上而下　　　B. 由下而上　　　C. 斜向　　　　　D. ABC 均可

6. 发电机组长时间超负荷运行会导致（　　　）。

　　A. 寿命减短　　　　　　　　　B. 噪声、废气污染加重

　　C. 输出电压达不到额定值　　　D. ABC 均是

7. 转弯区域钢板路基箱的铺设中，应在转弯区域内侧边缘横纵 9 m 范围内设置高（　　　）m 的止轮坎。

　　A. 0.2　　　　　B. 0.3　　　　　C. 0.4　　　　　D. 0.1

8. 怀疑载有本填埋场不允许接受的垃圾材料的车辆将（　　　）。

　　A. 允许进入，告知下次将拒收

　　B. 仅不允许进入

　　C. 不允许进入，并告知有关单位此类拒收情况

　　D. ABC 均不对

9. 下列哪一项不属于地磅房计算机管理系统记录的车辆主要信息？（　　　）

　　A. 进出场时间及日期　　　　　B. 司机姓名

　　C. 车辆注册号码　　　　　　　D. 进出场重量

10. 以下垃圾种类属于填埋场可接收垃圾的是（　　　）。

　　A. 石棉废物　　　　　　　　　B. 医疗废物

　　C. 普通废物焚化炉灰　　　　　D. 外国船舶产生的生活垃圾

11. 对于因怀疑携带有非许可垃圾，而拒绝其进入场地的，应在适当时限内完成书面确认，下列哪一项不属于书面确认内容？（　　　）

　　A. 事件日期及时间　　　　　　B. 车辆详细资料

　　C. 做出拒绝进场指令的营运人姓名　　D. 车辆驾驶员地址

12. 如果填埋场高度从基底算起超过 9 m，通常在填埋场的部分区域设中间层，中间层设在高于地面（　　　）的地方。

　　A. 2～3 m　　　　B. 3～4.5 m　　　C. 4～5 m　　　　D. ABC 均不对

13. 钢板路基箱是一种焊接构件，其长度和宽度根据车辆的装载量设计，通常

为（　　）。

    A. 3 m×3 m

    B. 4 m×1.5 m

    C. 4 m×4 m

    D. 4 m×1.5 m 或 6 m×1.5 m

14. 斜面作业相比于平面作业的优点是（　　）。

    A. 所用的覆盖料少

    B. 减少飞扬物

    C. 当机器向上爬坡时要比向下爬坡容易得到一个比较均匀的垃圾作业支撑面

    D. ABC 均正确

15. 摊铺过程中，将废物倒在顶部或侧斜面的下部，斜坡与水平面的夹角不应超过（　　）。

    A. 10°   B. 20°   C. 30°   D. 40°

16. 为了得到最佳的压实密度，废弃物摊铺层厚一般不能超过（　　）。

    A. 4 m   B. 5 m   C. 6 m   D. 7 m

17. 当使用推土机执行压实作业时，220 推土机应来回碾压（　　）遍。

    A. 2   B. 4   C. 6   D. 8

18. GCL 膜上下各铺设一层土工布的目的是对 GCL 膜进行更安全的保护。（　　）。

    A. 对 GCL 膜进行更安全的保护   B. 防止渗沥液外渗

    C. 防止雨水渗入   D. 利于填埋气的导出

19. 以下不属于护坡的功能的是（　　）。

    A. 降雨时清污分流   B. 防止填埋区垃圾散落到填埋区外

    C. 防止填埋区污水污染表层清水   D. 防止水土流失

20. 下列哪一项不是日覆盖的作用？（　　）

    A. 减少填埋场对周围环境的污染   B. 使未被污染的雨水外排

    C. 减少渗沥液产生量   D. 保证垃圾堆体的平坦

21. 日覆盖作业时，根据作业面大小控制覆盖膜面积，减少覆盖搭接缝，两块膜搭接时搭接宽度不小于（　　）cm。

    A. 30   B. 40   C. 50   D. 60

22. 垃圾填埋层厚度达（　　）m 后，开始进行中间覆盖。

    A. 1～1.5   B. 1.5～2   C. 2～2.5   D. 2.5～3

23. 中间覆盖的黏土厚度为（　　）cm。

    A. 10   B. 20   C. 30   D. 40

24．铺设焊接 HDPE 膜过程中，两块膜的结合点处应有（   ）cm 左右重叠，依次可不断铺设、焊接，确保紧密。

A．5　　　　　　B．8　　　　　　C．10　　　　　　D．12

25．覆盖材料的用量与垃圾填埋量的关系为（   ）。

A．1:1 或 1:2　　B．1:2 或 1:3　　C．1:3 或 1:4　　D．ABC 均不对

26．填埋到最终顶面标高时，覆盖封顶的黏土厚（   ）m。

A．0.1～0.3　　B．0.3～0.5　　C．0.5～0.7　　D．0.7～0.9

27．下列不属于臭气的主要成分的是（   ）。

A．甲硫醇　　　　B．甲基硫　　　C．硫化氢　　　　D．二氧化碳

28．在洗气塔中进行气洗时，不可采用（   ）。

A．填充塔气泡塔　　　　　　　　B．喷洒塔

C．流动层式吸收塔　　　　　　　D．板式塔

29．每年的（   ）月是苍蝇的最佳繁殖时期。

A．5～7　　　　B．5～8　　　　C．5～9　　　　D．5～10

30．下列哪一项不属于化学灭蝇？（   ）

A．喷雾灭蝇　　B．植物驱蝇法　　C．颗粒药剂灭蝇　　D．烟雾灭蝇

31．生活垃圾填埋场填埋区基础层底部应与地下水年最高水位保持（   ）m 以上的距离。

A．0.5　　　　　B．1　　　　　　C．1.5　　　　　　D．2

32．地下水收集导排系统的设计应符合下列要求（   ）。

A．能及时收集导排地下水和地表渗水　B．有防淤堵能力

C．保证收集导排的长期可靠性　　　　D．ABC 均正确

33．下列属于垃圾渗沥液来源的是（   ）。

A．垃圾自身含水　　　　　　　　B．垃圾生化反应产生的水

C．地下水的反渗和大气降水　　　D．ABC 均正确

34．雨污分流的优点在于（   ）。

A．减少渗沥液产生量　　　　　　B．控制渗沥液的二次污染

C．防止垃圾堆体滑坡　　　　　　D．ABC 均正确

35．填埋区通过（   ）将雨水排出场外。

A．渗沥液收集系统　　　　　　　B．导排盲沟

C．覆膜系统　　　　　　　　　　D．ABC 均不对

36. 推土机工在工作过程中，必须树立"（   ）"的思想，确保人身、设备安全，不得在填埋作业区现场吸烟，不得在驾驶室内吸烟，不得酒后驾车。

    A. 质量第一   B. 安全第一   C. 速度第一   D. 安全与质量并重

37. 推土机作业结束后的工作流程为（   ）。

    A. 清洗保洁、例保、定点停放   B. 清洗保洁、定点停放、例保

    C. 例保、清洗保洁、定点停放   D. 定点停放、清洗保洁、例保

38. 推土机起步时，应将推土机操纵杆拉到"上升"位置，使铲刀提升到距地面（   ）的高度，然后将操纵杆推到中间"封闭"位置。

    A. 0.3 ~ 0.4 m   B. 0.4 ~ 0.5 m   C. 0.5 ~ 0.6 m   D. 0.6 ~ 0.7 m

39. 推土机在不平坦路上行驶时，尽可能选用（   ）挡位行驶，避免紧急和频繁回转。

    A. 高速   B. 低速   C. 中速   D. ABC 选项均可

40. 推土机在铲掘作业中，发现推土机突然前倾，或柴油机超载声音沉重，可（   ），以恢复其正常工作。

    A. 降低铲刀   B. 减小油门   C. 加大油门   D. 提升铲刀

41. 推土机在进行场地平整等作业时，除了铲掘、运送外，还需要将铲刀前的垃圾等以（   ）缓慢铺设。

    A. 高速   B. 低速   C. 中速   D. ABC 选项均可

42. 推铺作业中，应确保作业面满铺，边缘成自然坡度，坡度小于（   ）。

    A. 1:2   B. 1:3   C. 1:5   D. 1:6

43. 压实作业时，压实距离控制为作业面（   ）范围内。

    A. 25 m × 30 m   B. 25 m × 25 m   C. 30 m × 30 m   D. 20 m × 30 m

44. 挖掘机作业前的安全检查中，对灰尘指示器的检查应做（   ）。

    A. 普通外观检查   B. 详细外观检查

    C. 检查及清理滤芯   D. 检查及清理除滤芯以外设备

45. 当挖掘机高速行走时，应将引导轮设定在（   ）。

    A. 前进后退方向均可   B. 前进后退方向均不可

    C. 后退方向   D. 前进方向

46. 当挖掘机上下坡时，铲斗保持距地面（   ）低速行驶。

    A. 0.1 ~ 0.2 m   B. 贴着地面   C. 0.2 ~ 0.3 m   D. 0.3 ~ 0.4 m

47. 装载机在临时道路钢板路基箱及上下坡行驶时，必须以（   ）行进，确保

安全。

    A. 快挡   B. 慢挡   C. 中挡   D. ABC 均可

48. 在严寒季节起动装载机时，应对液压油进行预热。将先导阀铲斗操纵手柄向后扳并保持（ ）min，同时加大油门，使铲斗限位块靠在动臂上，使液压油溢流，这样液压油油温上升较快。

    A. 2 ~ 3   B. 3 ~ 4   C. 4 ~ 5   D. 5 ~ 10

49. 装载机铲装作业时，应以（ ）速度接近物料。

    A. 前进 1 挡   B. 前进 3 挡   C. 前进 2 挡   D. 后退挡

50. 在临时道路铺设时，钢板横向、纵向连接必须保持整齐，钢板路基箱之间的缝口不大于（ ）。

    A. 5 cm   B. 10 cm   C. 15 cm   D. 20 cm

51. 压实机起动过程中，踏下主离合器踏板，使主离合器脱开后，应将油门操纵杆转至转速为（ ）r/min 左右的位置。

    A. 500   B. 1 000   C. 1 500   D. 2 000

52. 压实机下坡时允许（ ）。

    A. 空挡滑行   B. 熄火   C. 换挡   D. 停车制动

53. 推土机起动前的检查工作中不包括（ ）的检查。

    A. 漏水   B. 漏油   C. 漏电   D. 漏气

54. 推土机在最初 250 h 保养时，应进行（ ）的保养。

    A. 燃油滤清器   B. 整机油漆   C. 电器线路更换   D. 支重轮更换

55. 转向离合器箱使用的润滑油类型取决于（ ）。

    A. 环境湿度   B. 推机马力   C. 环境温度   D. 推机功率

56. 检查工作油箱油位时，应将铲刀水平放置在地面上，停止发动机，待（ ）min 后检查油位。

    A. 1   B. 3   C. 5   D. 7

57. 推土机在最初 250 h 保养时，应进行（ ）的保养。

    A. 更换燃油滤芯   B. 空气滤清器   C. 电器   D. 液压油箱

58. 当调整新带时，在操作（ ）h 后，要重新调整带。

    A. 1   B. 2   C. 3   D. 5

59. 装载机停机后应停放在（ ）。

    A. 斜坡上   B. 平地上   C. 低洼处   D. 地槽（沟）边缘

60. 检查装载机制动系统时，应在（   ）试验制动器。

A. 干燥路面上   B. 积水路面上

C. 钢板道路上   D. 垃圾填埋作业现场

61. 职业纪律的内容有岗位责任、操作规范和（   ）。

A. 诚信友爱   B. 团结进步   C. 规章制度   D. 爱岗敬业

62. 员工应自觉遵守公司有关规定，杜绝不良行为发生，应该（   ）。

A. 为了升职，向领导送礼   B. 对上一套，对下另一套

C. 表里不一   D. 乐于助人、匡扶正义、抵制歪风

63. 填埋场道路标识主要针对的对象是（   ）。

A. 机动车辆   B. 工作人员   C. 非机动车辆   D. ABC 都有

64. 职业健康安全的作用和意义是（   ）。

A. 提高水平的安全卫生是全社会的责任

B. 从业人员应享有舒适的工作环境

C. 促进行业安全卫生的不断提高

D. 促进和保持从事所有职业活动的工人的身体健康

65. 企业建立的安全组织机构有（   ）。

A. 安全领导小组

B. 防沼气火灾与爆炸事故抢险领导小组

C. 防沼气火灾与爆炸事故抢险工作小组

D. ABC 都有

66. 供消防车停留的空地，坡度不宜大于（   ）。

A. 1%   B. 2%   C. 3%   D. 5%

67. 劳动者进行上岗前的职业卫生培训和在岗期间的定期职业卫生培训，应普及职业卫生知识，指导劳动者正确使用职业病防护设备和个人使用的（   ）用品。

A. 职业危害   B. 监控仪器   C. 监测设备   D. 职业病防护

68. 《安全标志及其使用导则》（GB 2894—2008）中规定的安全标志包括道路交通标志和（   ）标志。

A. 消防安全   B. 职业病危害警示

C. 环境保护图形   D. 以上三种标志和危险品

69. 道德规范和法律规范的联系和区别是（   ）。

A. 二者作用范围相同   B. 二者的产生、发展相同

C. 二者依靠的力量不同　　　　D. 二者没有什么关系

70. 公司各部门、班组和员工当班工作结束后，必须做到三清，一是场地清，二是工具清，三是（　　）。

A. 用料清　　　B. 设备清　　　C. 车辆清　　　D. 操作平台清

固体废物处理工（生活垃圾填埋）（五级）
理论知识试卷答案

一、判断题

1. √	2. ×	3. ×	4. ×	5. √	6. ×	7. √	8. ×
9. ×	10. √	11. ×	12. √	13. ×	14. √	15. √	16. √
17. ×	18. √	19. ×	20. √	21. √	22. ×	23. √	24. √
25. √	26. √	27. ×	28. √	29. ×	30. √		

二、单项选择题

1. C	2. A	3. B	4. C	5. A	6. D	7. B	8. C
9. B	10. C	11. D	12. B	13. D	14. D	15. C	16. C
17. C	18. A	19. D	20. D	21. A	22. C	23. C	24. C
25. C	26. C	27. D	28. D	29. D	30. B	31. B	32. D
33. D	34. D	35. C	36. B	37. B	38. B	39. B	40. D
41. B	42. C	43. A	44. C	45. A	46. C	47. B	48. C
49. C	50. B	51. B	52. D	53. D	54. A	55. C	56. C
57. A	58. A	59. B	60. A	61. C	62. D	63. D	64. D
65. D	66. C	67. D	68. D	69. C	70. B		

操作技能考核模拟试卷

注 意 事 项

1. 考生根据操作技能考核通知单中所列的试题做好考核准备。

2. 请考生仔细阅读试题单中具体考核内容和要求，并按要求完成操作或进行笔答或口答，若有笔答请考生在答题卷上完成。

3. 操作技能考核时要遵守考场纪律，服从考场管理人员指挥，以保证考核安全顺利进行。

注：操作技能鉴定试题评分表及答案是考评员对考生考核过程及考核结果的评分记录表，也是评分依据，现场考试时不提供给考生。

国家职业资格鉴定固体废物处理工
（生活垃圾填埋）（五级）操作技能考核通知单

姓名：

准考证号：

考核日期：

试题 1

试题代码：1.1.1。

试题名称：推土机日常维护 A。

考核时间：25 min。

配分：20 分。

试题 2

试题代码：1.2.1。

试题名称：推土机驾驶 A。

考核时间：25 min。

配分：30 分。

试题 3

考试代码：3.1.1。

试题名称：装载机保养 A。

考核时间：25 min。

配分：20 分。

试题 4

考试代码：2.2.1。

试题名称：挖掘机驾驶作业 A。

考核时间：25 min。

配分：30 分。

固体废物处理工（生活垃圾填埋）（五级）操作技能鉴定试题单

试题代码：1.1.1。

试题名称：推土机日常维护 A。

考核时间：25 min。

1. 操作条件

（1）推土机一台。

（2）常用工具及专用工具。

2. 操作内容

（1）日常维护检查。

（2）当发动机转速升高时，机油压力监视灯仍然闪亮的故障描述或排除。

3. 操作要求

（1）起动前例保、检查内容或回答问题。

（2）起动后检查发现异常描述。

（3）填写检查表。

4. 质量指标

（1）按步骤在 10 min 内完成全部检查内容，并填写检查表。

（2）在 15 min 内完成故障检查，描述排除方法。

固体废物处理工（生活垃圾填埋）（五级）
操作技能鉴定答题卷

考生姓名：　　　　　　　　准考证号：

日常维护表

序号	维护检查内容	检查情况
	起动前的检查	
1	检查漏油、漏水	
2	检查液压油管是否损坏、接头是否漏油	
3	检查电路、蓄电池桩头	
4	检查冷却水位	
5	检查发动机油底壳油位	
6	检查燃油油位	
7	检查转向离合器油位	
8	燃油箱排出杂质	
9	检查空气滤清器是否堵塞	
10	检查制动踏板行程	
11	检查各润滑部位润滑是否良好	
12	履带板是否缺失、履带是否松弛	
13	检查螺栓、螺母	
14	清除发动机和散热器周围的脏物和碎片	
15	检查门、窗玻璃是否清洁	
16	检查灭火器是否失效	
	起动检查	
1	检查并确保工作装置锁紧杆和行走操纵杆是否处于锁紧位置	
2	起动发动机时，先等各仪表上电自检完毕后，将油门拉杆拉到怠速位置，再将钥匙拧到起动位置	
3	如果发动机没能起动，要间隔 2 min 之后重新起动，钥匙在"起动"位置的停留时间不超过 20 s	
4	发动机起动后的检查，检查各仪表是否正常	

序号	维护检查内容	检查情况
5	如果发动机机油压力不在正常范围内，应立即停止发动机，检查故障原因	
6	检查排气颜色是否正常，是否有异常响声或振动	
7	发动机升温之前，要避免突然加速	

SD22 推土机 250 h 润滑表

序号	润滑部分	点	润滑剂	润滑工具	排除或回答问题
1	风扇带轮	1	黄油	黄油枪	
2	张紧轮	1	黄油	黄油枪	
3	张紧轮轴承座	1	黄油	黄油枪	
4	液压缸球铰链	2	黄油	黄油枪	
5	液压缸支撑轴	4	黄油	黄油枪	
6	撑臂球铰链	2	黄油	黄油枪	
7	润滑撑臂丝杠	2	黄油	黄油枪	
8	液压缸支撑架	2	黄油	黄油枪	
9	引导轮调整杆	2	黄油	黄油枪	
10	平衡梁主轴	1	黄油	黄油枪	
11	倾斜液压缸球铰链	2	黄油	黄油枪	

推土机故障检查及排除

序号	故障描述	排除方法（描述，至少 5 项）
1	当发动机转速升高时，机油压力监视灯仍然闪亮	

固体废物处理工（生活垃圾填埋）（五级）操作技能鉴定试题评分表及答案

考生姓名：　　　　　　　　准考证号：

1. 评分表

试题代码及名称			1.1.1 推土机维护保养 A				考核时间		25 min	
评价要素	配分	等级	评分细则	评定等级						得分
				A	B	C	D	E		
1 起动前检查	5	A	检查、回答到位，顺序正确规范							
		B	漏检或错误一项							
		C	漏检或错误两项							
		D	漏检或错误三项							
		E	差或未答题							
2 起动检查	5	A	起动正确，检查到位，操作规范正确							
		B	漏检或错误一项							
		C	漏检或错误两项							
		D	漏检或错误三项							
		E	差或未答题							
3 故障原因及故障排除	10	A	完成故障检查，描述五项排除方法							
		B	错误一项							
		C	错误两项							
		D	错误三项							
		E	差或未答题							
合计配分	20		合计得分							

考评员（签名）：

等级	A（优）	B（良）	C（及格）	D（较差）	E（差或未答题）
比值	1.0	0.8	0.6	0.2	0

"评价要素"得分 = 配分 × 等级比值。

2．**参考答案**

（1）准备工作。工具的准备及使用是否规范。

（2）排除故障及应知解答

1）故障的检查。

2）故障的排除。

故障描述	主要排除方法（描述）
当发动机转速升高时，机油压力监视灯仍然闪亮	加机油至规定的油位
	更换机油滤清器滤芯
	检查管路和接头处有无漏油
	更换监视灯或线路故障
	更换机油传感器

3）一级保养记录表的填写。

4）现场考官问题的解答。

（3）工具摆放清洁

1）工具摆放是否整齐。

2）做好清洁工作。

固体废物处理工（生活垃圾填埋）（五级）
操作技能鉴定试题单

试题代码：1.2.1。

试题名称：推土机驾驶 A。

考核时间：25 min。

1．操作条件

推土机一台。

2．操作内容

（1）平地空载直线驾驶。

（2）在指定标杆处定点停车。

3．操作要求

（1）空载驾驶。

（2）按场地标线行驶：先由起点开至终点，到达终点后停车保持原状（发动机不熄火），此时考试计时结束。由工作人员测量铲刀离地高度以及铲刀至标杆距离。测量完毕后掉头在指定位置停车熄火。要求从上车开始到停机的整个过程严格按照操作规程执行。

4．场地设置

现场分别设置起点和终点（可双向设置起终点），起点和终点处有彩旗标杆做记号。

车道宽 = 车宽 + 80 cm，车道长 = 30 m。

5．质量指标

（1）按步骤完成起动前的检查。

（2）行车时，铲刀与地面距离在 30～50 cm 内，车辆任何部位不压线、不出线。

（3）正确停车。停车时，铲刀与标杆距离在 50 cm 内，与地面距离在 30～50 cm 内。

固体废物处理工（生活垃圾填埋）（五级）
操作技能鉴定试题评分表及答案

考生姓名：　　　　　　　准考证号：

1. 评分表

试题代码及名称				1.2.1 推土机驾驶 A		考核时间				25 min
评价要素		配分	等级	评分细则	评定等级					得分
					A	B	C	D	E	
1	起动前检查	5	A	检查到位，顺序正确规范						
			B	漏检或错误一项						
			C	漏检或错误两项						
			D	漏检或错误三项						
			E	未检查或未答题						
2	平地空载直线驾驶	20	A	操作规范正确，在规定时间内完成驾驶						
			B	压线 1 次；铲刀离标杆、离地大于 50 cm 小于 70 cm；超时 20 s 以内（违规任何一项）						
			C	压线 2 次；铲刀离标杆、离地大于 70 cm 小于 90 cm；超时 20 s 以上 40 s 以内（违规任何一项）						
			D	压线 3 次；出线 1 次；铲刀离标杆、离地大于 90 cm 小于 110 cm；超时 40 s 以上 60 s 以内（违规任何一项）						
			E	未完成操作或未操作或超过 D 中任一项						
3	停车熄火	5	A	顺序正确、操作规范						
			B	漏一项或错一项						
			C	漏两项或错两项						
			D	漏三项或错三项						
			E	差或未答题						
合计配分		30		合计得分						

考评员（签名）：

续表

等级	A（优）	B（良）	C（及格）	D（较差）	E（差或未答题）
比值	1.0	0.8	0.6	0.2	0

"评价要素"得分 = 配分 × 等级比值。

2．参考答案

平地空载驾驶操作：在规定的路线内完成驾驶操作。

（1）起动前检查

1）上车前绕车检查，检查漏油、漏水。

2）检查冷却液液位、燃油油位、机油油位、液压油位是否在规定值。

3）上车时手握扶手走安全通道，不能随意攀爬。

4）上车后先坐好，再检查并确保工作装置锁紧杆和行走操纵杆处于锁紧位置。

5）起动发动机时，先等各仪表上电自检完毕后再将钥匙拧到起动位置。

（2）平地空载直线驾驶

1）起步之前，应检查周围是否安全，起步时鸣笛。

2）行驶前将铲刀提升高度控制在标准范围 30～50 cm 内。

3）车辆起步时平稳、无冲击。

4）油门加速与变速合理，防止冲击车辆。

5）行驶时车辆任何部位不压线、不出线。

6）停车位置正确，铲刀与标杆距离 50 cm 内，与地面距离 30～50 cm 内。

7）在规定时间内完成操作，超时按规定扣分。

（3）停车熄火

1）熄火前先将铲刀降到地面。

2）将行走操纵杆置于空挡位置。

3）将工作装置和行走操纵锁紧杆锁定。

4）发动机怠速熄火。

5）下车时将门窗关好，沿安全通道下车，不能随意跳车。

固体废物处理工（生活垃圾填埋）（五级）
操作技能鉴定试题单

试题代码：3.1.1。

试题名称：装载机保养 A。

考核时间：25 min。

1. 操作条件

（1）装载机一台。

（2）常用工具和专用工具。

2. 操作内容

装载机保养。

3. 操作要求

（1）检查、路试、排除故障（或指出故障所在位置）。

（2）填写一级保养检查表。

（3）停车后对装载机实行储气筒放水、轮胎螺丝紧固等，轮胎方向摆直使上下车方便。

（4）机械操作及维护。

4. 质量指标

（1）按照保养要求对车辆进行认真细致的检查。

（2）简易故障的排除。

（3）保养记录表的填写。

（4）正确解答现场考官的问题。

固体废物处理工（生活垃圾填埋）（五级）操作技能鉴定答题卷

考生姓名：　　　　　　　准考证号：

一、装载机保养 A《检查表》

装载机一级保养检查表

序号	保养内容	保养情况
1	检查发动机油位	
2	检查冷却液液位	
3	检查刹车油油位	
4	检查液压油油位	
5	检查燃油油位，排出发动机上的燃油粗滤器中的水和杂质	
6	绕机目测检查各系统有无异常情况、泄漏；检查发动机风扇和驱动带	
7	检查各工作灯、指示灯等是否破损，电、气、油的线路、管路是否老化或破损	
8	检查轮胎有否破损，充气是否足够（前轮气压 0.30～0.32 MPa，后轮气压 0.28～0.30 MPa），轮胎气压必须控制在规定的范围内	
9	检查后退报警器工作状况	
10	按照机器上张贴的整机润滑图的指示，向各传动轴加注润滑脂	
11	向外拉动储气罐下方的手动放水阀拉环，给储气罐放水	
12	检查变速箱油位	
13	检查刹车片磨损情况	
14	检查所有传动轴的连接螺栓	
15	保持蓄电池的接线柱清洁并涂上凡士林，避免酸雾对接线柱的腐蚀	
16	检查各润滑油点的润滑情况	
17	检查发动机空气滤清器的灰尘，是否影响进气效果	
18	检查前、后传动轴的连接螺栓是否有松动、脱落现象，锁紧力矩为 530 N·m	
19	检查各销轴等连接螺栓是否松动	
20	检查是否有漏油、漏水、漏电、漏气现象	

二、机械操作及维护

装载机液力变矩器应如何维护？

固体废物处理工（生活垃圾填埋）（五级）
操作技能鉴定试题评分表及答案

考生姓名：　　　　　　　　　　准考证号：

1. 评分表

试题代码及名称			3.1.1 装载机保养 A		考核时间				25 min
评价要素	配分	等级	评分细则	评定等级					得分
				A	B	C	D	E	
1 故障检查	10	A	车况检查是否到位						
		B	漏检一项						
		C	漏检两项						
		D	漏检三项						
		E	漏检超过三项或未完成						
2 停车后	5	A	停车规范						
		B	错误一项						
		C	错误两项						
		D	错误三项						
		E	差或未完成						
3 机械操作及维护	5	A	正确三项及以上						
		B	正确两项						
		C	正确一项						
		D							
		E	未答题						
合计配分	20		合计得分						

考评员（签名）：

等级	A（优）	B（良）	C（及格）	D（较差）	E（差或未答题）
比值	1.0	0.8	0.6	0.2	0

"评价要素"得分 = 配分 × 等级比值。

2. 参考答案

（1）准备工作：工具的准备及使用是否规范。

（2）排除故障及应知解答

1）故障的检查。

2）故障的排除。

3）一级保养记录表的填写。

4）装载机液力变矩器的维护

①每次发动机器前，应当检查冷态油平面，其油平面应在规定的范围内，以保证液力变矩器的正常工作。

②变矩器油（变速器油底壳内）应该在该种机械规定的期限更换。

③定期清扫液力变矩器油冷却器表面的杂物，以保证其正常的冷却，确保液力变矩器正常工作。

（3）停车后

1）车辆停放是否规范。

2）工具摆放是否整齐。

3）做好清洁工作。

固体废物处理工（生活垃圾填埋）（五级）
操作技能鉴定试题单

试题代码：2.2.1。

试题名称：挖掘机驾驶 A。

考核时间：25 min。

1．操作条件

挖掘机一台。

2．操作内容

平地空载驾驶。

3．操作要求

（1）空载驾驶。

（2）按场地标线行驶：先由起点开至终点，到达终点后停车保持原状（发动机不熄火），考试计时结束。由工作人员测量挖斗离地高度。测量完毕后掉头在指定位置停车熄火。要求从上车开始到停机的整个过程严格按照操作规程执行。

4．场地设置

现场分别设置起点和终点，起点和终点处有彩旗标杆做记号。

车道宽 = 车宽 + 80 cm，车道长 = 30 m。

5．质量指标

（1）按步骤完成起动前的检查。

（2）行驶前将挖斗提升高度控制在标准范围 30～50 cm 内。

（3）行车时，以中速直线行驶，车辆任何部位不压线、不出线。

（4）正确停车。

固体废物处理工（生活垃圾填埋）（五级）操作技能鉴定试题评分表及答案

考生姓名：　　　　　　　　　准考证号：

1．评分表

试题代码及名称				2.2.1 挖掘机驾驶 A	考核时间				25 min
评价要素	配分	等级		评分细则	评定等级				得分
					A	B	C	D	E	

	评价要素	配分	等级	评分细则	A	B	C	D	E	得分
1	起动前检查	5	A	检查到位，顺序正确规范						
			B	漏检或错误一项						
			C	漏检或错误两项						
			D	漏检或错误三项						
			E	未检查或未答题						
2	平地空载直线驾驶	20	A	操作规范正确，在规定时间内完成驾驶						
			B	压线 1 次；铲斗离地大于 50 cm 小于 70 cm；突然操作转向 1 次；超时 20 s 内（违规任何一项）						
			C	压线 2 次；铲斗离地大于 70 cm 小于 90 cm；突然操作转向 2 次；超时 20 s 以上 40 s 以内（违规任何一项）						
			D	压线 3 次；出线 1 次；铲斗离地大于 90 cm 小于 110 cm；突然操作转向 3 次；超时 40 s 以上 60 s 以内（违规任何一项）						
			E	未完成操作或未操作或超过 D 中任何一项						
3	停车熄火	5	A	顺序正确，操作规范						
			B	漏一项或错一项						
			C	漏两项或错两项						
			D	漏三项或错三项						
			E	差或未答题						
合计配分	30			合计得分						

考评员（签名）：

续表

等级	A（优）	B（良）	C（及格）	D（较差）	E（差或未答题）
比值	1.0	0.8	0.6	0.2	0

"评价要素"得分 = 配分 × 等级比值。

2. 参考答案

平地空载直线驾驶操作：在规定的路线内完成驾驶操作。

（1）起动前检查

1）上车前绕车检查，检查漏油、漏水。

2）检查冷却液液位、燃油油位、机油油位、液压油位是否在规定值。

3）上车时手握扶手走安全通道，不能随意攀爬。

4）上车后先坐好，再检查并确保工作装置锁紧杆和行走操纵杆处于锁紧位置。

5）起动发动机时，先等各仪表上电自检完毕后再将钥匙拧到起动位置。

（2）平地空载直线驾驶

1）起步之前，应检查周围是否安全，起步时鸣笛。

2）行驶前将挖斗提升高度控制在标准范围 30～50 cm 内。

3）起步前，看看驱动链轮是否在后方，不在后方则应调整机器。

4）车辆起步时平稳、无冲击。

5）中速直线行驶。

6）行驶时车辆任何部位不压线、不出线。

7）行驶时不要突然操作转向，以防发生碰触事故。

8）在规定时间内完成操作，超时按规定扣分。

（3）停车熄火

1）熄火前先将挖斗降到地面。

2）将工作装置和行走操纵锁紧杆锁定。

3）发动机怠速熄火。

4）下车时将门窗关好。

5）沿安全通道下车，不能随意跳车。

参 考 文 献

[1] 黄洛枫，钟暖傍，黎一杉等. 城市有机生活垃圾的资源化利用 [J]. 广州化工，2014，42 (11)：147-150。

[2] 谢红. 城市垃圾源头分类及资源化利用 [J]. 绿色科技，2014 (2)：213-214。